OP アンプ活用100の実践ノウハウ

松井邦彦　CQ出版株式会社　2003

著 者 简 介

松井邦彦

　　1954年　生于长崎县

　　1973年　毕业于长崎工业高等学校电子工程专业

　　1973年　进入东芝综合研究所,电子产品研究所传感器小组

　　1982年　辞职

　　现　在　就职于长崎 CIRCUIT DESIGN,担任 CDN 技术顾问

图解实用电子技术丛书

OP 放大器应用技巧 100 例

最佳选择与灵活应用

〔日〕 松井邦彦 著

邓 学 译

科学出版社

北 京

图字：01-2005-1156 号

内 容 简 介

本书是"图解实用电子技术丛书"之一。本书主要介绍 OP 放大器在电子技术应用领域中 100 个应用技巧。针对在使用过程中可能出现的问题，结合 OP 放大器特性，进行简要分析，并给出最终解决的方法。同时，尽可能地提供完整的 OP 放大器的性能参数。全书共分 11 章，第 1 章介绍 OP 放大器应用技巧须知，第 2 章介绍单电源/低功率 OP 放大器的应用技巧，第 3 章介绍 OP 放大器的应用技巧，第 4 章介绍微小电流 OP 放大器的应用技巧，第 5 章介绍低噪声 OP 放大器的应用技巧，第 6 章介绍高速 OP 放大器的应用技巧，第 7 章介绍 OP 放大器的稳定性及其避免自激振荡的应用，第 8 章介绍 OP 放大器放大电路的应用技巧，第 9 章介绍阻抗匹配和滤波电路的应用技巧，第 10 章介绍非线性 OP 放大器的应用技巧，第 11 章作者结合自己的经验，介绍了实践应用技巧。

本书附有大量图表，内容通俗易懂，实用性强，可供电子技术领域的工程技术人员、大学生以及广大电子爱好者阅读和参考。

图书在版编目(CIP)数据

OP 放大器应用技巧 100 例/(日)松井邦彦著；邓学译. —北京：科学出版社，
2005（2025.1重印）
（图解实用电子技术丛书）
ISBN 978-7-03-016517-6

Ⅰ.O… Ⅱ.①松…②邓… Ⅲ.运算放大器-基本知识 Ⅳ.TN722.7

中国版本图书馆 CIP 数据核字(2005)第 139770 号

责任编辑：杨 凯 崔炳哲 / 责任制作：魏 谨
责任印制：吴兆东 / 封面设计：李 力

科学出版社 出版
北京东黄城根北街 16 号
邮政编码：100717
http://www.sciencep.com

天津市新科印刷有限公司印刷
科学出版社发行 各地新华书店经销

*

2006年1月第 一 版 开本：B5(720×1000)
2025年1月第十七次印刷 印张：13 3/4
字数：256 000
定 价：39.00 元
（如有印装质量问题，我社负责调换）

译者序

　　自20世纪60年代初出现原始型OP放大器以来,OP放大器一直在向更低的温漂、噪声和功耗,更高的速度、放大倍数和输入电压,以及更大的输出功率发展。高性能的新器件的不断涌现,使电路设计更为简便。但是,OP放大器在电子技术应用过程中,仍然会出现各种各样的问题,作者在电路设计过程中,积累了大量的实际经验,这些宝贵的经验奉献给读者,我确信,读者定会受益非浅。

　　全书共分11章,1～7章为OP放大器使用时的基本技巧,8～10章为OP放大器应用技巧。该书以解决实际应用中出现的问题为目的,力求尽可能简明地向读者介绍OP放大器的使用技巧,并且结合OP放大器特性,进行简要地计算、分析。同时,提供完整的OP放大器性能参数,相互比较,省去查找器件手册的烦琐工作。这样,极大地方便了电子工程技术人员、大学生以及电子爱好者的阅读与理解。

　　在翻译过程中,感谢电子科技大学张冰教授的大力帮助。

　　由于译者水平有限,译文中不妥和错误之处在所难免,敬请读者不吝指正。

前　言

"出版一本《OP 放大器应用技巧 108 例》吧!"当我听到这个请求后,稍加考虑便答应下来。这是因为数年前就曾有过出版单行本的请求,时间久了就淡忘了。上次想写有关模拟电路技术方面的书,这次范围缩小点,说一说 OP 放大器。该书能否卖出去,另当别论。然而把这 108 个应用技巧,每个用 1、2 页篇幅来介绍,真是非常令人感兴趣的事,这也是为何答应下来的原因所在。可是,把以我在日本《晶体管技术》等杂志上刊载的短文为主的原稿集中起来,也不过 70～80 篇,看来仅用《晶体管技术》的原稿是不够的。不过,我还是充满着信心。工夫不负有心人,很快就收集到 108 篇,可立刻又后悔起来"这样的话……"。该书是针对初学者的,稍微复杂的技巧就不刊登了。加上新写的内容总共收集了 108 篇。为了易于读者理解,在编辑阶段改编成了 100 个应用技巧。

本书内容由下述章节构成:

第 1 章　OP 放大器应用技巧须知

第 2 章　单电源/低功率 OP 放大器应用技巧

第 3 章　高精度 OP 放大器应用技巧

第 4 章　微小电流 OP 放大器应用技巧

第 5 章　低噪声 OP 放大器应用技巧

第 6 章　高速 OP 放大器应用技巧

第 7 章　OP 放大器的稳定性/避免自激振荡的应用技巧

第 8 章　OP 放大器放大电路的应用技巧

第 9 章　阻抗匹配和滤波电路应用技巧

第 10 章　非线性 OP 放大器应用技巧

第 11 章　实践应用技巧

本书在内容的选择上,以"对读者有益"为宗旨,本人认为内容较深的话,会……

最后遇到的难题是组表工作。该书希望尽可能详细地给出 OP 放大器的规格,又不想变成数据手册。故必须要有与本书合适的组表。该组表工作是由 CQ 出版(株)社董事长蒲生良治先生担当的。如花钱请人组表,那可是该书最花钱的地方了。

最后,感谢我心中的老师蒲生良治先生,在 20 多年前教我模拟电路知识,而如今又给了这本书的出版机会。另外在此还要感谢经常给予诚挚建议的(株)CDN 公司代理董事长野田龙三先生,以及在学习班里我的两位学生田中和长友。

目　录

第1章
OP 放大器应用技巧须知

1 OP 放大器的应用范围

OP 放大器(Operational Amplifier)即运算放大器。电路符号用三角形表示,如图 1.1 所示。电路图中若有三角形,就应想到"这里使用了 OP 放大器"。

OP 放大器是将模拟信号放大的电路,放大电路必须是负反馈电路。OP 放大器加上负反馈回路,使放大电路具有各种各样的特性。

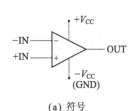

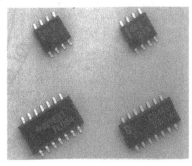

(a) 符号　　　　　　　(b) 微型DIP封装　　　　　(c) SOP - 8, SOP - 14封装

图 1.1 OP 放大器的符号及外观

下面是主要实现某种特性的电路:
- DC 放大器——DC～低频信号的放大;
- 音频放大器——数十 Hz～数十 kHz 的低频信号的放大器;
- 视频放大器——数 Hz～数十 MHz 的视频信号的放大器;
- 有源滤波器——数十 kHz 的高通滤波器,低通滤波器,带通滤波器,陷波滤波器等;

·模拟运算——模拟信号的加法，减法，微分，积分，对数，开方等；

·信号变换——电压-电流，电流-电压，绝对值变换，RMS变换等。

近来，数字电路变成主导地位，其次是模拟电路。但是，信号的检出，信号的测量部分是不可缺少的，同时也是广泛使用的技术。OP放大器主要用途如图1.2所示。

图1.2 应用OP放大器的场合

2 OP放大器电源电压

根据作者的经验，对于低频电路来说，OP放大器的电源选用±12V容易制作；对于高频电路来说，OP放大器的电源选用±5V容易制作。

包含直流的低频电路，通常输出电压为5～10V或更低。而如今使用 OP 放大器, 电源电压一般选用±12V。工作在 10V 输出电压时, 选用共模输出的 OP 放大器为好。要求输出电压在 10V 以上时, 温度范围宽, 如果电源选±12V, 那么工作就稍微有点吃力了。所以此时电源电压可选用±15V。

由于高频电路中 OP 放大器的损耗电流在数 mA~数十 mA 或更大, 工作电压在±12V 或±15V 的 OP 放大器会发热。所以当高频信号小于等于 1V 时, 工作电压选用±5V 就可以了。这样 OP 放大器的发热小。最近, 从 OP 放大器的产品手册发现又有了新的高频 OP 放大器的产品, 其最大电源电压可达±6V。

从我接手的工作来看, OP 放大器的电源电压大致是定好的, 因为电源往往会很贵, 市场上标准的集成产品很多, 数字电路使用＋5V, 模拟电路使用±12V 或±5V, 这对于在不同的场合的应用是很有帮助的。

当电源只有＋5V 时, 也许就只能用单电源的 OP 放大器了。单电源的 OP 放大器不多, 比普通的 OP 放大器的价格要贵些。

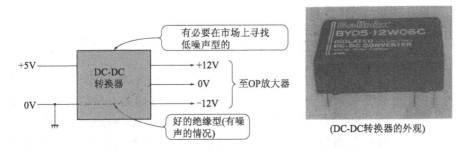

图 1.3 DC-DC 转换器产生 OP 放大器电源

使用 DC-DC 转换器的地方很多(图 1.3 所示), 因此电源电压的问题就解决了。＋5V 输入可转换成±12V 输出。但是, 消除 DC-DC 转换器的噪声显得尤其重要。DC-DC 转换器与开关电源基本相同, 会产生很大的开关噪声。

如图 1.4 为使用 DC-DC 转换器时所消除噪声的示例。LC 滤波电路中, 对于高频低阻抗负载, 使用电容 C_1, C_2 是必要的, 表 1.1 为滤波电路中的电感参数, 表 1.2 为高频低阻抗电解电容的示例。

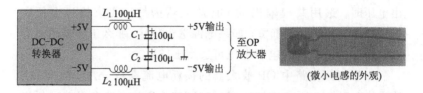

图 1.4 *LC* 消除噪声电路示例

表 1.1 滤波用电感的性能参数

型 号	电感/μH	额定电流/A	公司
TSL0709－101KR66	100	0.66	TDK
822LY－101K	100	0.58	东光
CLR8BB101	100	0.75	富士电气化学

表 1.2 高频低阻抗电解电容工作参量

型 号	额 定	阻抗/(Ωmax/20℃)	公司	备 注
LXA16VB100M	100μF/16V	1.65(100kHz)	NIPPON CHEMI·CON	105℃ 保证时间 7000
UPQ1C101M	100μF/16V	0.35(100kHz)	nichicon	105℃ 保证时间 5000

　　另外,电解电容的阻抗,特别是 *ESR*(等价串联电阻),随温度变低而变大,其消除噪声的效果就越差。所以,最近常使用 OS 电容。表 1.3 为 OS 电容的工作参数,OS 电容的 *ESR* 的温度范围为－55～＋105℃,图 1.5 为各种电容的 *ESR* 的温度特性曲线。

表 1.3 OS 型电解电容工作参量

型 号	额 定	$ESR/\Omega\text{max}$	公司
16SC10M	10μF/16V	0.15	三洋电机
16SA100M	100μF/16V	0.045	三洋电机

　　由于近年来逻辑电路或电池供电的便携式系统用＋3.3V 代替了＋5V,因此用＋3.3V 作为电源电压的电路设计变得十分重要。参考表 1.4 列出的低压工作的 OP 放大器。

(高频低阻型电解电容的外观)

(OS型电解电容的外观)

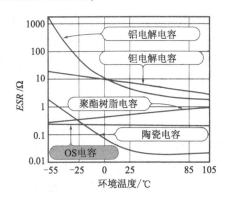

图 1.5　电容的 ESR 温度特性$(0.47\mu F, 100kHz)$

表 1.4　工作电压为 3.3V 时的单电源的 OP 放大器示例

型　号	电路数	输入补偿电压 /mV		温漂 /(μV/℃)		输入偏置电流 /A		GB积 /MHz	转换速率 /(V/μs)	工作电压 /V	工作电流 /mA	公司	特征	输入噪声密度 /(nV/√Hz) @1kHz
		典型	最大	典型	最大	典型	最大	典型	典型					
AD8820A-3V	1	0.2	1	1		2p		1.5	3	3—36	0.62	AD	RO	16
OP90G	1	0.125	0.45	1.2	5	4n		0.03	0.012	1.6—36	0.03	AD	LP	40
OP295G	2	0.03	0.3	0.6	5	8n	20n	0.075	0.03	3—36	0.3	AD	RO	45
OP185G	1	0.3	1	4		350n	600n	5	10	3—36	1.2	AD	HS	10
MAX406B	1	0.75	2			0.1p		0.008	0.005	2.5—10	0.001	MA	RO	150
MAX478B	2	0.04	0.14	0.6	3	3n		0.05	0.025	2.2—36	0.013	MA		49
EL2242C	2	2	7	7		0.5n	1n	30	40	3—32	8.2	EL	HS	15
LT1078C	2	0.04	0.12	0.5		6n	10n	0.2	0.07	2.3—30	0.09	LT		28
LMC6482I	2	0.9	3	2		0.02p		1	0.9	3—15.5	1.2	NS	RO	37
NE5234	1	0.2	4	4		90n		2.5	0.8	2—5.5	2.8	PH	RO	
TLV2341	1	0.8	8	4		0.6p		1.1	3.6	2.0—8	0.675	TI	IS	32
TLV2262	2	0.3	2.5	2		1p		0.8	0.55	2.7—8	0.4	TI	RO	12

特征 RO：共模输出；LP：低通；HS：高通；IS：工作电流设定。

3 通用 OP 放大器

通用 OP 放大器并没有什么特别之处，主要是价格便宜，在一般的应用中具有良好的性能。

在初期具有代表意义的通用 OP 放大器有 μA709，μA741 以及 LM301A 等等。特别是 μA741，在通用 OP 放大器中首次在其 IC 内部使用了相位补偿，至今仍被大量应用，是长命不衰的产品。但是，741 是双极型晶体管输入的 OP 放大器，有偏置电流大的缺点。所以，LF356 和 TL071 则制成了 FET 输入的 OP 放大器。

但是 FET 输入的 OP 放大器的缺点是补偿电压大，所谓补偿电压如图 1.6 所示，输入电压即使为零，输出端也会出现电压。微弱的直流信号会被当作错误信号。为了克服补偿电压，LF411 和 AD711 使用内部微调来降低补偿电压，最近在便宜的 OP 放大器上也使用了内部微调技术。

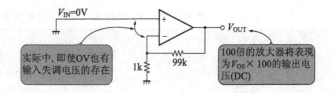

图 1.6 输入补偿电压

另一方面，至今用于音频的 741 有很好的交流特性和噪声特性。而 RC4558 和 NE5532 是用于音频的改造型，后来又进行了更进一步的改造，如 LM833 等也见于市场。音频 OP 放大器在交流和噪音等特性方面是非常优秀的。

表 1.5 列示出了一些通用 OP 放大器的规格。

MC33077 是比较新的通用 OP 放大器，GB 积（增益带宽积）为 37MHz，转换速率为 11V/μs，具有高速特征。GB 积和转换速率如图 1.7 所示，是判断 OP 放大器的交流特性的重要因素。

MC33077 的补偿电压为 0.13(1max)mV，温漂为 2μV/℃，具有良好的直流特性。通用 OP 放大器也进入了直流特性和交流特性皆完美的时代。

表 1.5　通用 OP 放大器

(a) 双极性输入

型 号	电路数	输入补偿电压/mV		温漂/(μV/℃)		输入偏置电流/A		GB积/MHz	转换速率/(V/μs)	工作电压/V	工作电流/mA	公司	输入噪声密度/(nV/√Hz)@1kHz
		典型	最大	典型	最大	典型	最大	典型	典型				
μPC741C	1	1	6	3	30	80n		1.5	0.5	±7.5—16	2	NE	30
RC4558	2	2	6			200n		2.5	0.5	±4—15	2.5	RY	10
NE5532	2		5	5		200n		10	9	±3—20	8	PH	5
NE5534	1		5	5		500n		10	6	±3—20	4	PH	4
LM833	2	0.5	5	2		500n		15	7	±5—18	5	NS	4.5

(b) FET 输入

型 号	电路数	输入补偿电压/mV		温漂/(μV/℃)		输入偏置电流/A		GB积/MHz	转换速率/(V/μs)	工作电压/V	工作电流/mA	公司	输入噪声密度/(nV/√Hz)@1kHz
		典型	最大	典型	最大	典型	最大	典型	典型				
LF356	1	3	5	5		30p		5	7.5	±5—20	5	NS	12
LF411	1	0.8	2	7	20	50p		4	15	±5—20	1.8	NS	25
TJ071C	1	3	10	10		30p		3	13	±4—15	1.4	TI	18
AD711J	1	0.3	3	7	20	20p		4	16	±4.5—18	2.5	AD	18

　　NJM4580 与 LM833 具有等同的 AC 特性，但在 DC 特性方面有了更进一步的改善。OP275 用于音频，实际上可以得到平坦的频率特性。OPA604 也用于音频，但它却采用了少有的 JFET 输入形式，转换速率大于 25 V/μs，GB 积也有 20MHz。

　　表 1.6 列出最近一些通用 OP 放大器。

　　有了这些通用 OP 放大器，就不会再有窘迫感，在电路中大量地使用好了。RC4558 等二手货也很多，寻找也方便，不仅用于音频，也可用于通用范围。

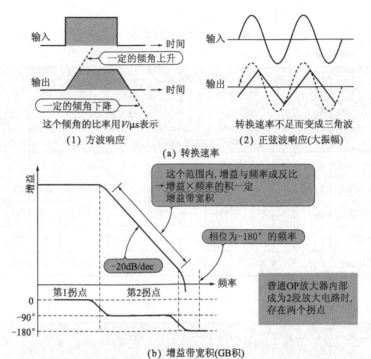

(a) 转换速率

(b) 增益带宽积(GB积)

图 1.7 表示 OP 放大器的交流特性的转换速率和增益带宽积(GB 积)

表 1.6 最近的一些通用 OP 放大器

(a) 双极性输入

型 号	电路数	输入补偿电压/mV 典型	最大	温漂/(μV/℃) 典型	最大	输入偏置电流/A 典型	最大	GB积/MHz 典型	转换速率/(V/μs) 典型	工作电压/V	工作电流/mA	公司	输入噪声密度/(nV/√Hz) @1kHz
MC33077	2	0.13	1	2		280n		37	11	±2.5−18	3.5	MT	4.4
NJM4580	2	0.3	3			100n		15	5	±2−18	6	NJ	
OP275G	2		1	5		100n		9	22	±4.5−22	5	AD	6
μPC4572C	2	0.3	5			100n		16	6	±2−7	4	NE	4

(b) FET 输入

型 号	电路数	输入补偿电压/mV 典型	最大	温漂/(μV/℃) 典型	最大	输入偏置电流/A 典型	最大	GB积/MHz 典型	转换速率/(V/μs) 典型	工作电压/V	工作电流/mA	公司	输入噪声密度/(nV/√Hz) @1kHz
MC33282	2	0.2	2	5		30n		30	12	±5−18	3.5	MT	18
MC34182	2	1	3	10		3n		4	10	±1.5−18	0.42	MT	38
OP282	2	0.2	3	10		3n		4	9	±4.5−18	0.4	AD	36
OP604	1	1	3	8		50n		20	25	±4.5−18	5.3	BB	11

4 温度范围越宽的 OP 放大器其价格越高

对于一般的电子产品的使用温度，其范围大体为 0～50℃。而电路设计时要求组建的温度范围为 -20～+70℃。OP 放大器等 IC 类的温度范围如下：

- 一般用为 0～+70℃；
- 通信工业用为 -25～+85℃；
- 军用规格为 -55～+125℃。

选用通信工业用的 IC，一般没有问题。只是一般用 OP 放大器便宜，通信工业用的价格太高。向许多公司询问过价格，结果比一般用的贵很多。而且交货期也比一般用的长。

其中，可以选用 TI 公司的 TLC274AIN（-40～+85℃），在 FET 输入的 OP 放大器中，具有合适的价格和交货期。在双极性输入的 OP 放大器中，-40～+85℃ 的产品原来只有 NEC 公司的 μPC844G2。这两种规格都是 4 封装（SO 封装），为了便于参考，表 1.7 列出 TLC274 和 μPC844 的特性参数。

表 1.7　TLC274 和 μPC844 的特性参数

型　号	电路数	输入补偿电压/mV 典型	最大	温漂/(μV/℃) 典型	最大	输入偏置电流/A 典型	最大	GB积/MHz 典型	转换速率/(V/μs) 典型	工作电压/V	工作电流/mA	公司	输入噪声密度/(nV/$\sqrt{Hz}$)@1kHz
TLC274A	4	0.9	5	2		0.6p		2.2	5.3	4.0—16	2.7	TI	25
μPC844G2	4	1	6			140n		3.5	8.5	5.0—30	7.5	NE	

不只是 OP 放大器，超出通信工业用的温度使用范围的 IC 价格都很贵。对于不同的专业，确定是否采用通信工业用 IC 是很重要的。一般在使用 IC 时，要注意型号标记（表 1.8 所示）。型号标记表示了温度使用范围和封装类型。

表 1.8 各公司的标记的含义

(a) 表示温度的标记

工作温度范围/℃	AD	NS	TI	NEC
0～+70	——→高性能 I,J,K,L,M	C(或型号前面或紧随其后的数字为3)	C	无特别， (−20～+80℃) 或 (−40～+85℃)
−40～+85	——→高性能 A,B,C	I(或型号前面或紧随其后的数字为2)	I	
−55～+125	——→高性能 S,T,U	M(或型号前面或紧随其后的数字为1)	M	

(b) 表示封装的标记

封装类型	ADI	NS	TI	NEC
DIP 封装	N	N	P(8 脚) N(14 脚)	C
SOP 封装	R	M	PS(8 脚) NS(14 脚)	G2
MIL 规格	H(合金) Q, D(DIP)	H(合金) D, J(DIP)	JG(8 脚 DIP) J(14 脚 DIP)	

注：最近，为了节省空间，使用小型的封装(例如，微型 SOP，5 引脚 SOP)

(c) 各公司的型号的书写方法

AD797AN ┐└8脚DIP −40⁻ +85℃	LPC662IM ┐└8脚DIP −40⁻ +85℃	TLC274AIN ┐└14脚DIP −40⁻ +85℃	μPC844G2 ┐└14脚SOP −40⁻ +85℃
(1) AD 公司的情况	(2) NS 公司的情况	(3) TI 公司的情况	(4) NEC 公司的情况

5 一个封装内可含有1个、2个、4个电路

从前的 OP 放大器，一个封装内只有一个放大器。但随着 IC 微细加工技术的进步，与其他 IC 同样，OP 放大器的封装尺寸变得更小，一个封装内可含有 2 个放大器、4 个放大器。对于想使用多个 OP 放大器的用户，不必增加 IC 的数量。而且 OP 放大器也开始低价格化。

图 1.8 给出了具有代表性的 OP 放大器的端子连接图。

一个封装内装有多个 OP 放大器的 IC 具有以下特征，即同一

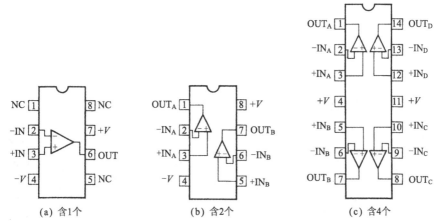

(a) 含1个   (b) 含2个   (c) 含4个

图 1.8 通用 OP 放大器的端子连接图(本书末介绍了 OP 放大器的端子连接图)

封装里的各个 OP 放大器的输入偏置电流、频率特性、转换速率特性,可以做得非常近似。

另一方面,同一封装内不可能制出相同的补偿电压和补偿电流。

对于使用较多 OP 放大器的有源滤波器等,使用单/四路 OP 放大器 IC 是非常有效的。但是,多路 OP 放大器都不具有补偿电压的调整端子。

如果必须调整补偿电压时,聪明的做法是使用具有调整端子的单路 OP 放大器。这是一种通过外部电路进行补偿电压调整的方法,但一般会增加费用。

6 单路 OP 放大器的补偿电压较小

作者几乎在所有的场合都使用双路 OP 放大器。单路与双路相同,都是 8 引脚封装,所以双路在印制线路板实装时,面积利用率高。与单路型相比,约为双路型的实装面积的一半(实际上还应加上 RC 等元器件,故实装面积应更小)。同样的道理,四路型具有更好的面积利用率,但设计线路图比较困难,一般不被使用。其结果是使用方便的双路型备受欢迎。

单路也有其应用的地方。只用一个 OP 放大器时,是不会勉强使用双路型的。必须进行补偿调整的电路时,需要使用具有补偿调整端子的单路型 OP 放大器。

如表 1.9 所示，单路型的补偿电压较小，制成双路型、四路型后，补偿电压变大。

图 1.9 给出具有代表性的两个 OP 放大器（1 个 IC）构成的应用电路。

表 1.9　由于封装而导致电压的差异

型　号	电路数	输入补偿电压 /mV		温漂 /(μV/℃)		输入偏置电流 /A		GB积 /MHz	转换速率 /(V/μs)	工作电压 /V	工作电流 /mA	公司	输入噪声密度 /(nV/$\sqrt{Hz}$) @1kHz
		典型	最大	典型	最大	典型	最大	典型	典型				
MC34181	1	0.5	2	10		3p		4	10	±1.5—18	0.21	MT	38
MC34182	2	1	3	10		3p		4	10	±1.5—18	0.42	MT	38
MC34184	4	4	10	10		3p		4	10	±1.5—18	0.84	MT	38

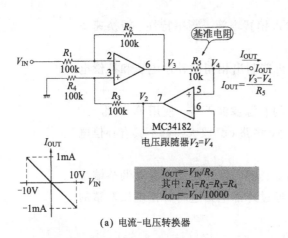

$$I_{OUT} = -V_{IN}/R_5$$
其中：$R_1 = R_2 = R_3 = R_4$
$$I_{OUT} = -V_{IN}/10000$$

(a) 电流-电压转换器

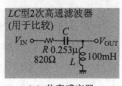

$L = R_1R_3R_4R_5/R_2$
这个例子，$L = 100mH$，
2 次高通滤波为模拟 LC 型，
滤波的工作原理：
$$f_c = \frac{1}{2\pi\sqrt{LC}}, \quad Q = \frac{1}{R}\sqrt{L/C}$$
$f_c = 1kHz, Q = 0.77$ 的特性近似于 2 次高通滤波

LC 型 2 次高通滤波器
（用于比较）

(c) 仿真感应器

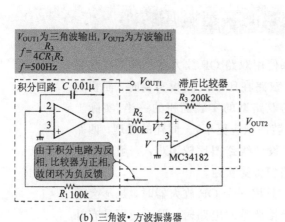

V_{OUT1} 为三角波输出，V_{OUT2} 为方波输出
$$f = \frac{R_3}{4CR_1R_2}$$
$f = 500Hz$

由于积分电路为反相，比较器为正相，故闭环为负反馈

(b) 三角波·方波振荡器

图 1.9　2 个 OP 放大器——双路 OP 放大器的电路

7　当驱动负载时使用容性负载强的 OP 放大器

在通用 OP 放大器中，有容性负载强的 OP 放大器。容性负载是引起 OP 放大器振荡的原因，容性负载强的 OP 放大器是在输出电路上下了功夫。一般，在 OP 放大器（特别是缓冲电路）的输出上加 100pF，就可以引起振荡（照片 1.1）。连接示波器的探针时所引起的振荡，就属于这种情况。因为探针上有数十皮法的电容。

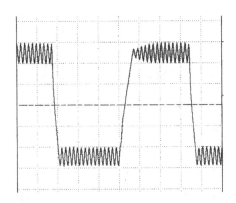

照片 1.1　因容性负载而引起振荡的 OP 放大器
（COMS OP 放大器 LMC662 的负载加 150pF，输入 30kHz 的方波）

但是，有些通用 OP 放大器有额定的容性负载值，如表 1.10 所示。

表 1.10　主要的容性负载强的通用 OP 放大器

型　号	电路数	输入补偿电压/mV		温漂 μV/℃		输入偏置电流/A		GB 积/MHz	转换速率/(V/μs)	工作电压/V	工作电流/mA	公司	耐负载容量/pF
		典型	最大	典型	最大	典型	最大	典型	典型				
LM356	1	3	5	5		30p		5	7.5	±5－20	5	NS	10000
MC34071	1	1	5	10		100n		4.5	13	±1.5－22	1.6	MT	10000
μPC811C	1	1	2.5	7		50p		4	15	±5－16	2.5	NE	10000
OPA2131	1	0.2	1	2	10	5p		4	10	±4.5－18	3	BB	10000
TLE2141C	1	0.22	1.4	1.7		800n	2000n	5.8	45	±2－22	3.4	TI	10000
OP279G	1		4	4		300n		5	3	5.0－12	4	AD	10000

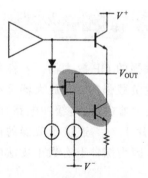

图1.10 LF356的输出级
——带容性负载强

▶ FET 输入型的 LF356 和 μPC811

带容性负载强的 OP 放大器的数据表上，第一行就是 LF356。过去 OP 放大器容易引起振荡的原因是有频率特性很差的 PNP 晶体管。LF356 在输出电路上下了功夫，不再使用 PNP 晶体管，如图 1.10 所示。由 P 沟道的 FET 和 NPN 晶体管构成。结果，驱动容性负载的能力增强，即使 10 000pF 的电容都没有任何问题。

图 1.11 给出 LF356 的频率特性。根据频率特性的相位裕度来判断 OP 放大器是否稳定。无负载时的相位裕度约为 60°，

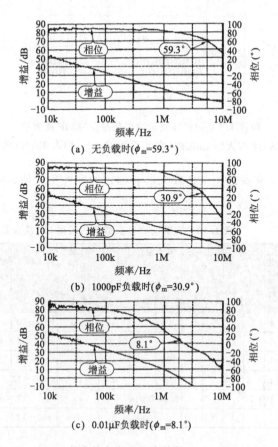

(a) 无负载时(ϕ_m=59.3°)

(b) 1000pF负载时(ϕ_m=30.9°)

(c) 0.01μF负载时(ϕ_m=8.1°)

图1.11 LF356的容性负载和频率特性(0.01μF＝10 000pF)

1000pF 的负载的相位裕度约为 30°，10 000pF 的负载的相位裕度约小于 8°，但不为零。然后，简单地通过相位补偿就可使用。相位补偿和起振的关系将在第 7 章详述。

LF356 只有单路型。而 μPC811 则对应有 μPC812 的双路型。

▶ 双极性输入型的 MC34071

LF356 是 FET 输入，与之相对应的 MC34071 为双极性输入型，是容性负载强的通用 OP 放大器。如图 1.12 所示，给出实际的频率特性。无负载时的相位裕度约为 44°，1000pF 的负载的相位裕度约为 16°，10 000PF 的负载的相位裕度约为 10°。

MC34071 为单路，MC34072 为双路，MC34074 为四路。

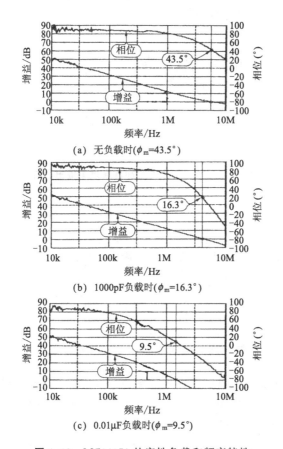

(a) 无负载时(ϕ_m=43.5°)

(b) 1000pF负载时(ϕ_m=16.3°)

(c) 0.01μF负载时(ϕ_m=9.5°)

图 1.12　MC34071 的容性负载和频率特性

8 输出电流为数十毫安以上的OP放大器

在设计模拟电路时，经常想到，"这个OP放大器的输出电流若能再大一点……就好了。"例如，作为应变传感器的通常使用的应变仪电源需要数十毫安的电流，而通常的OP放大器的最大输出电流为10～20mA。所以，OP放大器的输出不能直接与传感器连接。图1.13所示是通过增加晶体管缓冲器来增大输出电流。根据图1.14可采用多个OP放大器来增大输出电流。该电路使用了2个OP放大器，其电流增大了2倍。但是，消耗功率也是2倍，还要注意散热处理问题。

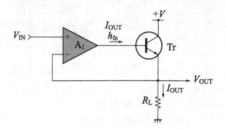

图1.13　增加晶体管缓冲器来增大输出电流

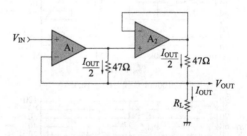

图1.14　OP放大器并联来增大输出电流

高速OP放大器的输出电流超过50mA的并不少，与通用OP放大器相比，价格贵而不能使用。此时，需要了解大电流输出的通用OP放大器，可从表1.11进行查找。

AD8532等是CMOS的OP放大器，最大输出电流为250mA。含有2个回路，再大输出电流的OP放大器还没有，根据用途来增加散热器。DIP型OP放大器安装的散热器如照片1.2所示，使用该散热器，消耗功率可增至500mW左右。

表 1.11 大电流输出的 OP 放大器

型　号	电路数	输入补偿电压/mV		温漂/(μV/℃)		输入偏置电流/A		GB积/MHz	输出电流/mA	工作电压/V	工作电流/mA	公司	输出电流/mA
		典型	最大	典型	最大	典型	最大	典型	典型				
AD8532	2		25	20		5p	50p	3	5	2.7—6	1.4	AD	250
NJM4556A	2	0.5	6			50n	500n	8	3	±2—18	9	NJ	70
MC33202	2		8	2		80n	200n	2.2	1	1.8—12	1.8	MT	80
M5216	2	0.5	6			180n	500n	10	3	±2—16	4.5	ME	100
AN6568	2	2	5			100n	500n	1.3	1	3.0—15	5	MS	70

照片 1.2 DIP 型 OP 放大器安装的散热器
（左侧的 OP 放大器取自水谷电机工业公司的 SP821K）

9 当输入可能过大时输入保护电路是必要的

一般的，如果 OP 放大器的输入端在印制电路版的外部，OP 放大器的输入保护电路是必要的。通常，如图 1.15 所示，由电阻 R_1，二极管 D_1，D_2 构成保护电路。

例如，R_1 为 100kΩ，输入电压为 100V 时，电流限制在 1mA。所以，R_1 的值希望尽可能的大，但伴随着补偿电压和噪声的增加，由于输入电容的影响，将会引起频率特性恶化等一系列问题。

图 1.16 为无电阻的保护电路。使用 2 个稳流二极管 CD_1 和 CD_2，其最大可耐电压为 ±100V。

图 1.15 普通的 OP 放大器的输入保护电路   **图 1.16** 用稳流二极管的输入保护电路

稳流二极管的电压-电流特性如图 1.17 所示，外加低电压（肩电压 V_k 以下）工作时，稳流二极管相当于一个电阻。以图 1.17 中 E102（I_p＝1mA）为例，V_k＝1.7V（I_p＝1mA 的 80％时的电压），其内阻为 1.7V/（1mA×0.8）＝2.2kΩ。当过电压大于 V_k 时，稳流二极管从电阻模式变成限流模式，此时电流为稳定的 1mA，根据表 1.12，内阻将高于 650kΩ，变得非常高。

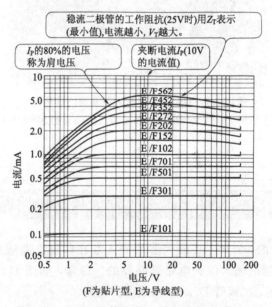

图 1.17 稳流二极管的电压-电流特性（石塚电子）

当然，稳流二极管的电流增大时内阻降低，会使输入电阻降低，这是该电路最大的特征。例如，E102 内阻约为 2.2kΩ，而 E103 的 V_k＝3.5V（I_p＝1mA），故内阻为 3.5V/（10mA×0.8）＝440Ω。但是由于稳流二极管的消耗功率变大而不能起过压保护作用。另外，稳流二极管耐压为100V，应用时不能超过该值。

表 1.12 稳流二极管的特性

(a) 电气特性参数

型 号	I_P/mA	V_K/V	Z_T/MΩ	温度系数/(％/℃)
E101	0.05～0.21	0.5	6.0	＋2.1～＋0.1
E301	0.2～0.42	0.8	4.0	＋0.4～－0.2
E501	0.4～0.63	1.1	2.0	＋0.15～－0.25
E701	0.6～0.92	1.4	1.0	0～－0.32
E102	0.88～1.32	1.7	0.65	－0.1～－0.37
E152	1.28～1.72	2.0	0.4	－0.13～－0.4
E202	1.68～2.32	2.3	0.25	－0.15～－0.42
E272	2.28～3.10	2.7	0.15	－0.18～－0.45
E352	3.0～4.1	3.2	0.1	－0.2～－0.47
E452	3.9～5.1	3.7	0.07	－0.22～－0.5
E562	5.0～6.5	4.5	0.04	－0.25～－0.53
E822	6.56～9.84	3.1	0.32	
E103	8.0～12.0	3.5	0.17	－0.25～－0.45
E123	9.6～14.4	3.8	0.08	
E153	12.0～18.0	4.3	0.03	

(b)最大额定值

使用最大电压	额定功率	反向电流
100V	400mA	50mA

照片1.3为输入±80V时ⓐ点波形，为了看清楚，将其波形反相表示。电源电压为±15V，二极管正相电压为0.7V，限制了输入电压。

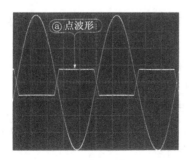

照片 1.3 图 1.16 中ⓐ点波形(20V/div, 20ms/div)

图 1.18 是使用高耐压的 MOS FET 保护电路,其 FET 的型

号为 LND150N3（500V/I_{DSS}＝1～10mA，原生产厂家：Supertex Inc.），该电路的输入电流受 I_{DSS} 制约。当想改变稳流值时，如图 1.19 所示。如果这两个 FET 的特性一致的话，则输入电流 I_{IN} 与在 VR$_1$ 处产生的压降 V_{GS} 的作用下流经 FET 的漏极电流 I_D 不等时，该电路达到平衡，当 $I_{IN}＝I_D$ 时，I_D 比流经 VR$_1$ 的电流要大，设定在 0～I_{DSS} 之间。

这里的 FET 为结型场效应管（即使 $V_{GS}＝0$ 时也有电流流动），如果使用高耐压的 JFET 的话，其保护电路是相同的。

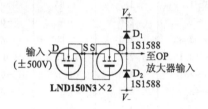

图 1.18　使用 MOS FET 的输入保护

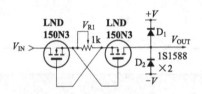

图 1.19　想改变限制电流时

10　OP 放大器对外输出时的保护电路

OP 放大器对外输出时，通常加保护电路，输出保护的目的如下：

① 输出短路保护（过流保护）；

② 过压保护（与其他系统接触）；

③ 抑制因容性负载而产生的自激振荡。

其中，①是由 OP 放大器自身具有的过流保护机能而实现的，以下将逐一介绍②和③。

通常的输出保护电路如图 1.20 所示，电阻 R_3 与二极管 D$_1$、D$_2$ 组成保护回路，可以限制像噪声那样的过电压。R_3 越大，就越耐压，但输出电流越大（即负载电阻越小）时，电压降也越大。

为了保证必要的输出电压，通常阻值设在 300Ω 左右，二极管为 1S1588 就可以了。输出短路保护是利用 OP 放大器的内部电路完成的。

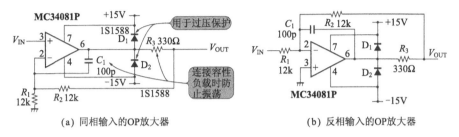

图 1.20 OP 放大器的输出保护电路

为了有效地防止连接容性负载时产生自激振荡，加入了 R_3 与电容 C_1，当接入容性负载 C_L 后，变得容易引起振荡，频率特性 f_p 为：

$$f_p = \frac{1}{2\pi \cdot C_L(r_0 + R_3)} \approx \frac{1}{2\pi \cdot C_L \cdot R_3} \tag{1.1}$$

其中 r_0 为 OP 放大器的输出电阻。

加入的电容 C_1 用来相位补偿，粗略考虑，当满足 $C_L R_3 < C_1 R_2$ 时，实现该电路是没有问题的。

第 2 章
单电源/低功率 OP 放大器应用技巧

11 如何使用单电源 OP 放大器

如果考虑用电池或数字电路的电源＋5V 来供电，则 OP 放大器必须使用单电源。可是，多数 OP 放大器的电源为±12V 或±15V。如图 2.1 所示，OP 放大器应满足两个单电源工作条件，即可以 0V 输入与输出。

通常模拟电路均以地（即零电位）为基准（也称为信号公共点），由于输入为 0V 时输出电压也为 0V，故 0V 输入和 0V 输出是必要条件。

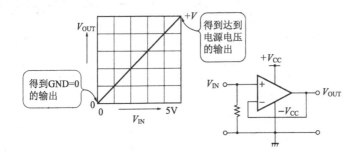

图 2.1 单电源工作的 OP 放大器

表 2.1 和表 2.2 列出了主要的单电源工作的 OP 放大器。从前，为了使 OP 放大器降低成本，DC 特性和 AC 特性都不是很好。但是，最近的单电源 OP 放大器的 DC 特性和 AC 特性都得以改善。各种各样的高精度型，高速度型等都已在市场上贩卖。另外，稳定性也有所改善而且不易引起振荡，使用也方便多了。故从使用更方便的角度考虑，可以采用以下两点：

① 扩大输入电压范围（共模输入）；

② 扩大输出电压范围(共模输出)。

所谓共模，如图 2.2 所示，一看就明白了。

表 2.1　从前的单电源 OP 放大器

型号	电路数	输入补偿电压 /mV		温漂 /(μV/℃)		输入偏置电流 /A		GB积 /MHz	转换速率 /(V/μs)	工作电压 /V	工作电流 /mA	公司	特征	输入噪声密度 /(nV/√Hz) @1kHz
		典型	最大	典型	最大	典型	最大	典型	典型					
LM358	2	2	7	7		45n		1		3.0—30	0.4	NS		
TL27M2	2	1.1	10	1.7		0.6p		0.5	0.4	3.0—16	0.4	TI		32
LMC662C	2	1	6	1.3		0.04p		1.4	1.1	5.0—15	1.5	NS	RO	22
ICL7612D	1		15	25		1p		0.48	0.16	2.0—16	0.1	HA	RIO	100
μPC842	2	1	5			140n		3.5	7	3.0—32	3.3	NE		
CA3160	1	6	15	8		5p		4	10	5.0—16	0.5	HA	RO	72

特征：RO：共摸输出；RIO：共摸输入输出。

表 2.2　最近的单电源 OP 放大器

型号	电路数	输入补偿电压 /mV		温漂 /(μV/℃)		输入偏置电流 /A		GB积 /MHz	转换速率 /(V/μs)	工作电压 /V	工作电流 /mA	公司	特征	输入噪声密度 /(nV/√Hz) @1kHz
		典型	最大	典型	最大	典型	最大	典型	典型					
OP292	2	0.1	0.8	2	10		0.7	4	3	4.5—33	1.6	AD		15
OP262G	2	0.025	0.325	1		260n	500n	15	13	2.7—12	1	AD	RO	9.5
AD8052A	2	1.7	10	10		1.4μ	2.5μ	110	145	3.0—12	8.8	AD		16 *
OPA2237	2	0.25	0.75	2	5	10n	40n	1.4	0.5	2.7—36	0.34	BB		28
MAX474	2	0.7	2			80n	150n	12	17	2.7—6	4	MA	RO	40 *
MAX492	2	0.2	0.5	2		25n	60n	0.5	0.2	2.7—6	0.3	MA	RO	25
MAX478C	2	0.04	0.14	0.6	3	3n		0.05	0.025	2.2—36	0.013	MA		49
LT1211C	2	0.1	0.275	1	3	60n	125n	13	4	3..3	4	LT		12
LT1366C	2	0.15	0.475	2	6	10n	35n	0.4	0.13	1.8—36	0.75	LT	RO	29
LMC6674B	2	0.5	7	1.5		0.02p	10p	0.22	0.09	2.7—12	0.08	NS	RO	45
LMC6482	2	0.11	3	1		0.02p	10p	1.5	1.3	3—15.5	1	NS	RO	37

特征：RO：共摸输出。　　　　　　　　　　　　　　* 为@10kHz 的值

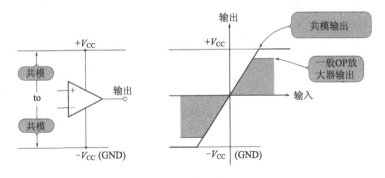

图 2.2 共模工作原理

12 通用 OP 放大器不能在单电源下工作吗

通用 OP 放大器在单电源下怎样工作呢？图 2.3(a)给出通用 OP 放大器使用工作电源为＋5V 的电路。该电路的输入电压 $V_{IN}=0\sim5V$。图 2.3(b)是使用通用 OP 放大器 AD711D 时的输入输出波形。在理想状态下，输入电压 V_{IN} 在 $0\sim5V$ 之间时，输出电压 V_{OUT} 也为 $0\sim5V$。图(b)所示，$V_{IN}=1.5\sim4.2V$ 的范围时，作为缓冲器来说勉强地达到要求。但是，当 V_{IN} 为 1.5V 以下时，输出电压 V_{OUT} 电平将跳跃到正相饱和电压。这种现象被称为输出跳跃现象。由于输出不是单调性，所以，应用就成了问题。

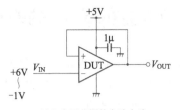
(a) 输入电压范围的实验电路

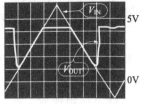
(b) AD711的输入输出特性

图 2.3 使用普通的＋5V 单电源的 OP 放大器

在以下情况：
① 不能 0V 输入。
② 不能 0V 输出(1.5V 以下时输出电平为不稳定)。
通用 OP 放大器(如 AD711)不能使用单电源。要是必须使用单电源的话，就得使用专门设计的单电源 OP 放大器。当然，并非所有的通用 OP 放大器的输出都有跳跃现象。

要想更好地使用通用 OP 放大器,只要很好地回避上述①、②两个条件,就可以在单电源下工作。

在单电源下使用通用 OP 放大器的代表例,如图 2.4 所示。对于通用 OP 放大器来说,$V_{CC}=+12V$,$V_{EE}=0V$ 是可以使用的。但是,0V 输入/0V 输出是不可能的,在图 2.4 的正相输入端加入 $V_{CC}/2=6V$ 的偏置电压,这样 OP 放大器的电源相当于 ±6V。

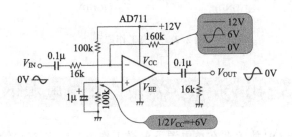

图 2.4 在单电源下使用通用 OP 放大器的 AC(音频)放大器

音频放大器的输出端与电容相连接,0V 中心信号 V_{IN} 与 $V_{CC}/2$ 的偏置电压共同作用在 OP 放大器上,从而实现了单电源供电的音频放大器。

使用单电源的通用 OP 放大器必须要认真思考。如后所述,若与差动 OP 放大器巧妙结合,DC 电路的使用就成为可能。

13 通用 OP 放大器与单电源 OP 放大器在结构上的差异

以前,一提到单电源 OP 放大器,就会想到 LM324(内含 4 个运放,LM358 内含 2 个运放)。LM324 是非常普通的 OP 放大器,虽也有缺点但很便宜,就是在现在也有很多地方使用它。该 OP 放大器有以下特点:

① 可以 0V 输入(输入电压范围 $0 \sim V_{CC}-1.5V$)。

② 可以 0V 输出(输出电压范围 $0 \sim V_{CC}-1.5V$)。

满足单电源的 0V 输入、0V 输出的条件,LM324 的工作参数如表 2.3 所示。

那么,LM324 是怎样实现这些特性的呢?

图 2.5 为 LM324 的等价电路,图(a)为输入电路,输入部分由 PNP 晶体管组成差动放大器电路,对于双电源 OP 放大器的差

动输入部分用 NPN 晶体管是很普遍的。可是，这里（使用单电源供电）0V 输入时则不能用 NPN 晶体管作为开关管，而只能用 PNP 晶体管。

表 2.3 LM324 的工作参数

型　号	电路数	输入补偿电压 /mV		温源 /(μV/℃)		输入偏置电流 /A		GB积 /MHz	转换速率 /(V/μs)	工作电压 /V	工作电流 /mA	公司
		典型	最大	典型	最大	典型	最大	典型	典型			
LM324	4	2	7	7		45n		1		3.0～30	0.8	NS

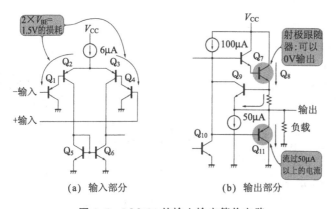

图 2.5 LM324 的输入输出等价电路

反之，当输入电压接近正电源电压时，PNP 晶体管切断电源，LM324 只能工作于输入电压小于 $V_{CC}-1.5V$ 的情况。

图(b)为输出电路。为一般的互补型射极跟随器，晶体管 Q_7，Q_8 和 Q_{11} 的基极连接。负载与地连接时，输出电压下降，晶体管 Q_{11} 截止，输出部分变为 Q_8 的射极跟随器。因此，0V 输出也就变成可能，电源也可输出大电流。

Q_{11} 吸收电流时还没工作，就有最大电流 $50\mu A$ 通过。所以，在 Q_{11} 的工作点上会发生失真。另外，因为 Q_7，Q_8 的基极与发射极之间的电压降低，所以 LM324 的输出电压范围变为 $0\sim V_{CC}-1.5V$。

14 共模输入输出的 OP 放大器是如何构成的

　　LM324 的输入输出电压范围比电源电压要窄 1.5V 左右。但是，最近的单电源 OP 放大器中共模输出的 OP 放大器不断增加。所谓共模工作就是输出电压范围与电源电压相同，如图 2.2 所示，它们是如何工作的呢？

　　具有代表性的共模输入输出的 OP 放大器 OP279 的等价电路如图 2.6 所示。图 2.6(a)为输入部分，由 PNP 三极管 Q_5，Q_6 和 NPN 三极管 Q_1，Q_9 组成两组差动放大器。这两组三极管根据输入电压电平的不同而相互切换，从而，使得输入电压等于电源电压(即共模输入)。

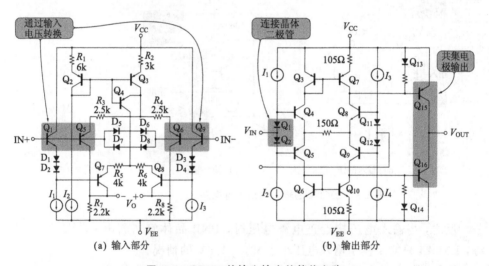

(a) 输入部分　　　　　　　　　　(b) 输出部分

图 2.6 OP279 的输入输出的等价电路

　　由于这种特殊的电路构成，输入的偏置电流或补偿电压在工作的转换前后，其方向或数值是不同的。通常，通过设定参数来消除其影响，并选择适当的 OP 放大器，因此是不会有什么问题的。

　　图 2.6(b)为 OP279 输出部分，与 LM324 不同，变为 Q_{15}，Q_{16} 的共集电极输出。又由于一般的晶体管的饱和电源电压接近 50mV，电源电压输出成为可能(即共模输出)。但由于是集电极输出，故其输出部分的增益保持不变。

　　根据这种构成，由于负载电阻值的不同而使 OP 放大器的开

环增益有所不同,实际上,使用负反馈回路是没有问题的。如果
发生问题应是电路的稳定性问题,可以通过相位补偿来解决。

15 保证输出电平不跳跃的单电源 OP 放大器

在使用各种单电源 OP 放大器时,会有输入电压超出允许范
围,输出电压发生急剧变化的情况,这被称为输出相位反转现象
或跳跃现象。发生输出电压的跳跃现象破坏了单调性,是不好
的,应用时会受到致命的损坏。

表 2.4 所示的 OP 放大器,可以保证输入电压在工作电源电
压范围内,不会发生跳跃现象。例如,AD820A 的输入电压范围
为 $-0.2\sim4V$($+5V$ 工作时),即使 5V 输入,没有超过电源电压
范围,其相位也不会发生反转。当然,输入电压超过电源电压时
就不能保证了。对于过大的输入,请按图 2.7 的保护电路来设
计。

表 2.4 主要的 OP 放大器的输入输出的电压范围(模拟器件公司的情况)

($+V=5V$, $-V=0V$)

型　号	输入电压范围/V	输出电压范围/V	相位有无反转
AD820A	$-0.2\sim4$	共模	无
OP113	$0\sim4$	$0\sim4$	无
OP183	$0\sim3.5$	$0\sim4.2$	无
OP191	共模	共模	无
OP193	$0\sim4$	$0\sim4.4$	无
OP279	共模	共模	无
OP284	共模	共模	无

通常的 OP 放大器能耐数毫安的输入电流,图 2.7(a)根据输
入电压大小选择 R_P 的值。R_P 越大保护效果越好,同时,因工作
电压和电阻而引起的噪声会使频率特性变坏,可根据应用情况来
确定电阻值的大小。

图 2.7(b)除了电阻还增加了二极管,这样一来,OP 放大器的
过大输入电压就会受到二极管的正相电压 0.7V 所抑制,这是最
常用的方法。

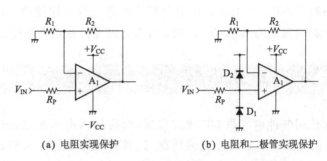

(a) 电阻实现保护   (b) 电阻和二极管实现保护

图 2.7 OP 放大器的输入保护

16 单电源工作中不能完全 0V 输出时可采用电平移动

严格地说，单电源 OP 放大器的输出电压只能是 0V 附近，要想完全地 0mV 输出是不可能的。

表 2.5 为单电源 OP 放大器的 0V 输出的示例。表中 0V 是指数 mA～数十 mA（当然 0mV 为理想电压）。对于输出有效电压范围不大于 0mV 的电路，当输出电压在 10mV 以下时，线性变坏。

表 2.5 单电源 OP 放大器的 0V 输出

型 号	0V 输出电压/mV		负载电阻/Ω	备 注
LM358	5	20	10K	0V 时接 V_L
LMC662	100	190	2K	$V_S/2$ 时接 V_L
	300	630	600	
TLC27L2		50	NC	
OP295	0.7	2	100K	0V 时接 V_L
	0.7	2	10K	

图 2.8 是单电源 OP 放大器的实验结果，LMC662 的输入电压为 5mV 以下时输出饱和，LM358 输出为 2～3mV 以下时输出饱和。为了便于参考，具有共模输出的 OP295 如图 2.9 所示（0V 附近测定的输入输出特性曲线），当输入电压为 0.6mV 时未发现线性变坏。这就意味着 OP295 基本上可以实现 0V 输出。

所以在有精度要求的地方，确保单电源 OP 放大器可 0V 输出是必要的。对于不要求精度的地方，以往的单电源 OP 放大器是完全可以满足要求的。

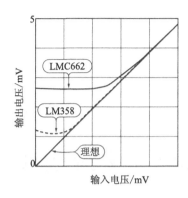

图 2.8 LM358 和 LMC662 的 0V
输出电压特性

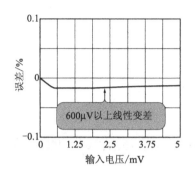

图 2.9 OP295 的输入输出特性
（FS＝2.5V 时）

另外，对于单电源工作时严格要求 0V 输出的话，如图 2.10 所示，可将输出电压范围错开一点，即电平移动一点就可以了。例如，0～2.5V 的输出不行的话，就将其输出电压范围改为 1～3.5V（这是一种很好的方法）。

如图 2.11 所示，这个电平匹配的接口电路采用了差动放

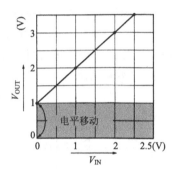

图 2.10 输出不为 0V 时电平移动

大器，单电源工作时是很容易理解的。在图中，将 0±2V 输入电压平移 2.5V，输出电压则变为 2.5V ±2V（即 0.5～4.5V）。

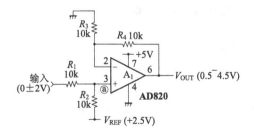

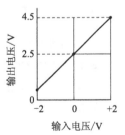

图 2.11 电平移动电路

差动放大器可以使用单电源 OP 放大器。这里使用的是 AD820，漂移电压 V_{REF} = 2.5V，是电路的偏置部分。因为

$V_{IN}=0V$时ⓐ点电压为 $V_{REF}/2=1.25V$，所以，输出为 $V_{OUT}=2\times$
$1.25V=2.25V$。

$V_{IN}=-2V$ 时，ⓐ点电压为$(2.5V+2V)/2-2V=0.25V$，
$V_{OUT}=0.5V$。对于通用 OP 放大器来说，ⓐ点电压 $0.25V$ 在允许
范围之外，但对单电源 OP 放大器来说是允许的。

$V_{IN}=2V$ 时，ⓐ点电压为$(2.5V-2V)/2+2V=2.25V$，
$V_{OUT}=4.5V$。故当 $V_{IN}=0\pm2V$ 时，输出电压 $V_{OUT}=2.5V\pm2V$。

17 COMS 型单电源 OP 放大器带容性负载的能力较弱

前面介绍的单电源 OP 放大器为双极型（内部是晶体管）结
构，最近，出现了 COMS 结构的 OP 放大器，不仅功耗低，而且又
满足单电源（共模）的使用特征。

但是，COMS 构成的 OP 放大器容易引起振荡，电路设计时
应特别注意。特别是带容性负载弱的 OP 放大器很多，请参照图
2.12 中的实验结果。

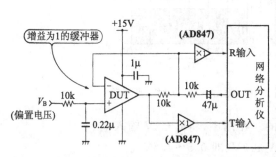

型　号	相位裕度 （$C_L=0$）	相位裕度 （接 C_L 时）
LM358	48.7°	24.5°（$C_L=470pF$）
CA3160	振荡	振荡
TL27M2	46.2°	35.3°（$C_L=100pF$）
ICL7612	49.3°	28.0°（$C_L=200pF$）
LMC662	44.9°	20.6°（$C_L=47pF$）

图 2.12 单电源 OP 放大器的稳定性实验电路

以下为具有代表性的放大器。

▶ CA3160（COMS）

它的输出电压最大可达电源电压，是共模输出型的 OP 放大
器。但是，+5V 工作时，容易引起振荡，所以不能作为+5V 电
源的缓冲器。

▶ TLC27M2

由于 OP 放大器连接 100pF 容性负载 C_L 时，其相位裕度为
$35.3°$，所以，使用最大为 100pF 是可以的。但是，当 $C_L=470pF$
时会引起振荡。

▶ ICL7612

该 OP 放大器是共模输入输出的 OP 放大器，在当时是很新奇的产品。$C_L = 200\text{pF}$ 时，相位裕度只有 28°。也就是说，连接 200pF 的容性负载也可以使用。但是，$C_L = 470\text{pF}$ 时仍会引起振荡。

▶ LMC662

该 OP 放大器 $C_L = 47\text{pF}$ 时，相位裕度就有 20.6°。所以，最大容性负载可达到 47pF。可是，这个值太小了，与示波器的探针相连接，便有可能发生振荡。

▶ LM358

上述的 OP 放大器都是 COMS 型 OP 放大器，而它是双极型 OP 放大器。因为 $C_L = 470\text{pF}$ 时，相位裕度为 24.5°。所以，是带容性负载很强的 OP 放大器。

18 设定工作电流实现低功耗的 OP 放大器

低功耗 OP 放大器的电源电流应是非常小的，是使用电池供电的地方所不可缺少的 OP 放大器。通用 OP 放大器必须有数毫安的电源电流。而低功耗的 OP 放大器的电源电流应为 μA 级电流。但是，它的频率特性不是很好。

从前，具有代表性的低功耗 OP 放大器如表 2.6 中 LM4250 和 μPC253 等所示，电气性能与通用 OP 放大器没有什么两样。令人惊奇的是它的电源电流为 $1\mu\text{A}$ 以下。

表 2.6 LM4250/μPC253 的技术参数

型号	电路数	输入补偿电压 /mV		温漂 /(μV/℃)		输入偏置电流 /A		GB积 /MHz	转换速率 /(V/μs)	工作电压 /V	工作电流 /mA	公司	特征
		典型	最大	典型	最大	典型	最大	典型	典型				
LM4250	1		5				10n	0.05	0.02	±1—18	0.01	NS	IS
μPC253	1	1	20	3		20n	100n			±3—15	0.01	NS	IS

特征 IS：外部设定工作电流

LM4250 和 μPC253 如图 2.13 所示，通过设定电阻 R_{SET} 而改变电源电流。以 LM4250 为例，通过 R_{SET} 来设定最初的晶体管电流。这时的电流值 I_{SET} 为：

$$I_{\mathrm{SET}} = V_+ - V_- - 0.5\mathrm{V}/R_{\mathrm{SET}} \tag{2.1}$$

由于 OP 放大器的总电源电流 I_Q 是设定电流的 5 倍，故 I_{SET} 越大其频率特性越好。

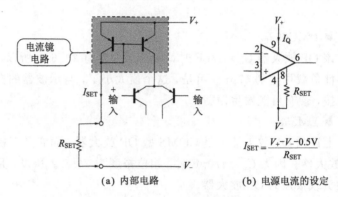

(a) 内部电路　　　　　(b) 电源电流的设定

图 2.13 LM4250 的电源电流的设定方法

要注意的是，通常的 OP 放大器输入偏置电流不依赖于电源电压的改变，而保持一个相对稳定的值。LM4250 则与此相反，如图 2.14 所示，输入偏置电流与 I_{SET} 成比例的变大，这是因为偏置电流是最初晶体管工作电流的 $1/h_{\mathrm{fe}}$ 倍。

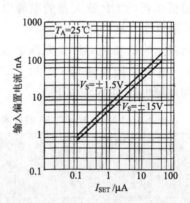

图 2.14 LM4250 的 I_{SET} 和输入偏置电流

另外，通常的 OP 放大器的相位裕度为 $45° \sim 60°$，而 LM4250 则根据 I_{SET} 变化而变化，如图 2.15 所示。晶体管放大器的工作电流与频率特性很相似。

虽然不容易使用，但是可在 $1\mu\mathrm{A}$ 以下的电源电流工作的 LM4250 非常重要，本人至今仍喜欢用它。

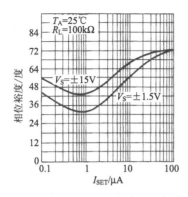

图 2.15 LM4250 的 I_{SET} 和相位

19 通过外部连接设定工作电流的低功耗 OP 放大器

继 LM4250 之后，COMS 构成的低功耗 OP 放大器越来越多。采用 COMS 构成的低功耗 OP 放大器的示例如表 2.7 所示。

表 2.7 COMS 构成的低功耗 OP 放大器

型 号	电路数	输入补偿电压/mV		温漂/(µV/℃)		输入偏置电流/A		GB 积/MHz	转换速率/(V/µs)	工作电压/V	工作电流/mA	公司	特征
		典型	最大	典型	最大	典型	最大	典型	典型				
ICL7612D	1		15	25		1p		0.044	0.016	2.0—16	0.01	MA	IS
TLC271C	1	1.1	10	1.1		0.6p		0.085	0.03	3.0—16	0.01	TI	IS
LPC662I	2	1	6	1.3		0.04p		0.035	0.11	5.0—15	0.086	NS	RO
LMC6041I	1	1	6	1.3		0.002p		0.075	0.02	4.5—15.5	0.014	NS	

特征 IS：外部设定工作电流，RO：共摸输出

ICL7612（原产厂家是 Intersil 公司）可以根据图 2.16 所示的 3 种接法设定工作电流。8 脚是为设定工作电流而设计的。当 8 脚与 V_+ 连接时，电源电流为 $10\mu A$；与地连接时，电源电流为 $100\mu A$；与 V_- 连接时，电源电流为 $1mA$。另外，由于 COMS 构成的输入偏置非常小，故像 LM4250 那样输入偏置电流依赖电源电压不同而不同的缺点，是微不足道的。

另外，由表 2.7 可知，因 MOS 输入使补偿电压和温漂变坏，

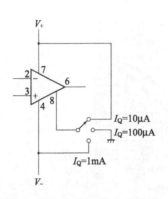

图 2.16 ICL7612 的电源电流
的设定方法

ICL76××系列集成器件中含有 2 个或 4 个放大器回路(电源电流固定),性能差异很小,可根据用途的不同而自由选择,十分方便。

还有,ICL7612 的另一个特征是输入输出可粗略地认为是共模输入输出,用电池供电时,即使电源电压很低也不会影响其性能。

TLC271 与 ICL7612 相同,用 COMS 构成的电源电流可分为 3 挡设定,即 $10\mu A$,$100\mu A$ 和 1mA。TLC271 在补偿电压和温漂等 DC 特性上比 ICL7612 有所改善。另外,增益带宽积和转换速率约变为相同电源电流下的 2 倍。但请注意相位裕度变小会引起振荡。

LPC662 是以前市场上 LMC662 的低功耗版。LMC662 的电源电流为 $400\mu A$,而 LPC662 变小为 $86\mu A$(因有 2 个回路,若仅用 1 个回路即只有它的 1/2)。这个 OP 放大器的特征是输入偏置电流小,典型值为 40fA,与 COMS 的 OP 放大器相比较,也是最优秀的。

另外,LMC662 有 C(温度范围 $-20\sim+80℃$)版本,LPC662 则有 I($-40\sim+80℃$)版本。

20 改善 DC 特性的低功耗 OP 放大器

对于 DC 特性,LM4250 与通用 OP 放大器是并驾齐驱的。后来,低功耗高精度的 OP 放大器也开始在市场上大量贩卖了。表 2.8 介绍了一些主要的高精度低功耗的 OP 放大器。

OP22 与 LM4250 的管脚是兼容的,是对其 DC 特性进行了改进的 OP 放大器。输入补偿电压为 $200\mu V$(最大 $500\mu V$),温漂为 1(最大 2)$\mu V/℃$ 或更小。另外,图 2.17 表示了 OP22 的相位裕度,比 LM4250 的要大,使用更放心。

表 2.8 最近的高精度低功耗的 OP 放大器（双极输入型）

型 号	电路数	输入补偿电压/mV		温漂/(μV/℃)		输入偏置电流/A		GB积/MHz	转换速率/(V/μs)	工作电压/V	工作电流/mA	公司	特征	输入噪声密度/(nV/√Hz)@1kHz
		典型	最大	典型	最大	典型	最大	典型	典型					
OP22F	1	0.2	0.5	1	2	3n	7.5n	0.015	0.015	±1.5—15	0.001	AD	IS	
LT1077C	1	0.01	0.06	0.4		7n	11n	0.23	0.08	2.2—40	0.052	LT		27
MAX478C	1	0.04	0.14	0.6	3	3n	6n	0.05	0.025	2.2—36	0.013	MA		49
MAX480C	1	0.025	0.07	0.3	1.5	1n	3n	0.03	0.012	±0.8—18	0.015	MA		
LP324	4	2	4	10		2n	10n	0.1	0.05	3.0—32	0.085	NS		

特征 IS：外部设定工作电流

LT1077，MAX478，MAX480 对 DC 特性做了进一步的改善。

作为单电源 OP 放大器的 LP324 是普及的 LM324 的低功耗版。输入补偿电压为 2（最大 4）mV，温漂为 $10\mu V/℃$，与通用 OP 放大器相同，但电源电流则小到 $85\mu A$（因有 4 个回路，若仅用 1 个回路即只有它的 1/4）。

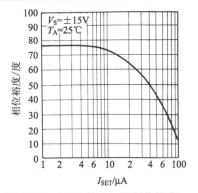

图 2.17 OP22 的 I_{SET} 和相位裕度

21 高速用途的低功耗 OP 放大器

最近，因电路技术和工艺技术的进步，以前从未考虑的小电源电流、高速度的 OP 放大器，已在市场上贩卖了。表 2.9 列出了回路电流在 $500\mu A$ 以下的高速 OP 放大器。

MAX402 可以在线性增益下使用，其回路电流仅为 $50\mu A$，增益带宽积为 2MHz，转换速率为 $7V/\mu s$。

MAX438 的相位补偿小，有利于宽带领域的应用。所以，使用在 5 倍以上的增益，其增益带宽积为 6MHz 以上。

MAX403 的电路电流增大至 $250\mu A$，增益带宽积为 10MHz，转换速率为 $40V/\mu s$。

MAX439 的相位补偿小，实现了 25MHz 的增益带宽积。

图 2.18 是在表 2.9 的基础上，汇总了 OP 放大器的电源电流和增益带宽积。为了便于参考，也列上了通用 OP 放大器 TL071

和 LF356，但它们的不同点大家应该知道。

表 2.9 低功耗的高速 OP 放大器

型　号	电路数	输入补偿电压 /mV		温漂 /(μV/℃)		输入偏置电流 /A		GB积 /MHz	转换速率 /(V/μs)	工作电压 /V	工作电流 /mA	公司	特征	输入噪声密度 /(nV/√Hz) @1kHz
		典型	最大	典型	最大	典型	最大	典型	典型					
MAX402C	1	0.5	2	25		2n		2	7	±3—5	0.05	MA		26
MAX403C	1	0.5	2	25		10n		10	40	±3—5	0.25	MA		14
MAX438C	1	0.5	2	25		2n		6	7	±3—5	0.05	MA		26
MAX439C	1	0.5	2	25		5n		25	40	±3—5	0.25	MA		14
TLE2061C	1	0.8	3.1	6		3p		2.1	3.4	±3.5—20	0.28	TI	JF	40
TLE2161C	1	0.6	3	6		4p		6.5	10	±3.5—20	0.28	TI	JF	
MC33171	1	2	4.5	10		20n		1.8	2.1	±1.5—22	0.18	MT		32
MC34181	1	0.5	2	10		3p		4	10	±1.5—18	0.21	MT		38

特征　JF：JFET 输入

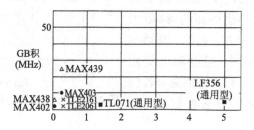

图 2.18 消耗电流与 GB 积

第 3 章
高精度 OP 放大器的应用技巧

22 低补偿电压 OP 放大器的微调技术

当输入电压小时，可以使用高精度 OP 放大器。那么输入电压要多小呢？约为 mV(数 mV～数十毫伏)信号电平。当处理信号频率为 DC 信号时，这样的放大器则称为 mV 放大器。

音频信号里有很多 mV 信号。因为音频信号是交流信号，DC 部分可以通过电容将其去掉。所以说，对于 OP 放大器的补偿电压，音频放大器中是可以忽略的，只要注意音频带宽上的噪声就可以了。这一点，将在低噪声 OP 放大器的章节中加以说明。

对于高精度 OP 放大器来说，补偿电压和温漂等 DC 特性是很重要的。该值与通用 OP 放大器的值相比越小，则对高精度 OP 放大器就越有价值。频率特性没有像它这么重要，因为使用范围大约限制在 DC～10Hz 的频域内。

到目前为止最具代表性的高精度 OP 放大器，要数表 3.1 中的 OP07 了。

图 3.1 给出了 OP07 的内部补偿电压调整技术，被称为快速齐纳微调,这在当时可以说是具有非常好的 DC 特性。因此作为高精度 OP 放大器的标准，在测量领域内广泛使用。

表 3.1　高精度 OP 放大器 OP07 的特性

型号	电路数	输入补偿电压 /mV		温漂 /(μV/℃)		输入偏置电流 /A		开环增益 /dB		工作电压 /V	工作电流 /mA	公司	0.1～10Hz 噪声 /(μV_{p-p})
		典型	最大	典型	最大	典型	最大	典型	最小				
OP07D	1	0.085	0.25	0.7	2.5	3n	14n	112	102	±3－18	2.7	AD	0.38

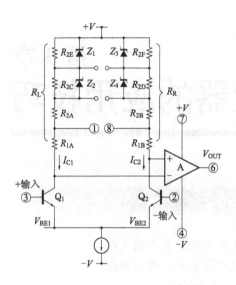

补偿电压 V_{OS} 为差动放大器输入端的晶体管 Q_1，Q_2 的基极与集电极极间的电压 V_{BE1} 与 V_{BE2} 之差。即

$$V_{OS} = V_{BE1} - V_{BE2}$$

$$= \frac{KT}{\alpha} \ln \left(\frac{I_{C1}}{I_{S1}} \right) - \frac{KT}{\alpha} \ln \left(\frac{I_{C2}}{I_{S2}} \right) \quad (3.1)$$

其中，K 为玻尔兹曼常数(1.38×10^{-23} J/K)；T 为绝对温度(K)；α 为基本电荷(1.6×10^{-19} 库仑)；I_S 为饱和电流；I_C 为集电极电流。

另外，放大器 A 的正相输入与反相输入的电位相同，所以

$$R_L I_{C1} = R_R I_{C2} \quad (3.2)$$

又 $V_{OS} = 0$V，有：

$$V_{OS} = \frac{KT}{\alpha} \ln \left(\frac{I_{C1}}{I_{C2}} \cdot \frac{I_{S2}}{I_{S1}} \right)$$

$$= \frac{KT}{\alpha} \ln \left(\frac{R_R}{R_L} \cdot \frac{I_{s2}}{I_{S1}} \right)$$

$$= 0$$

故 $\quad \dfrac{R_R}{R_L} \cdot \dfrac{I_{S2}}{I_{S1}} = 1 \quad (3.3)$

为使式(3.3)成立，将 OP07 的齐纳二极管短路，并调整 R_L 和 R_R。

图 3.1 OP07 的补偿电压的调整——快速齐纳微调

但这样的设计在现在已显得陈旧了，与最近的高精度 OP 放大器相比，在性能上要逊色些。特别是开环增益 A_{OL} 不大于 112dB(102dB min)，这是个缺点。为了将 mV 放大器的增益 G 设定得大一些，将开环增益变小，结果如图 3.2 所示，闭环增益 (A_{OL}/G) 不足，发生非线性误差。

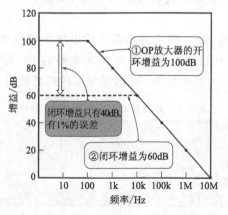

图 3.2 要增大增益 G 就需要大的开环增益

现在，使用 OP07 制作出了很多的仿制产品，其价格惊人的便宜。据说通用 OP 放大器是通过可变电阻来调整补偿电压的，而 OP07 则不需要可变电阻，也不需要什么成本，比 1 个可变电阻还便宜。

除了 mV 放大器等应用以外，若能使用专用的补偿调整器将其变为无需补偿调整的高精度 OP 放大器该多好啊。

23 使用双极输入型的高精度 OP 放大器比较容易些

表 3.2 提供了最近一些高精度 OP 放大器的技术参数，高精度 OP 放大器可分为双极型，CMOS 型和 FET 型。

其中，双极型 OP 放大器最容易使用，并可得到良好的 DC 特性。作者在电路设计的时候，首先要从这些 OP 放大器中进行挑选，例如 AD707 的特性：

表 3.2　最近的高精度 OP 放大器的示例

(a) 双极输入型

型号	电路数	输入补偿电压 /mV		温漂 /(μV/℃)		输入偏置电流 /A		开环增益 /dB		工作电压 /V	工作电流 /mA	公司	0.1~10Hz 噪声 /(μV_{P~P})
		典型	最大	典型	最大	典型	最大	典型	最小				
AD707J	1	0.03	0.09	0.3	1	1n	2.5n	142	130	±3−18	2.5	AD	0.23
OP177G	1	0.02	0.06	0.7	1.2	1.2n	2.8n	136	126	±3−18	1.6	AD	0.15rms
AD705J	1	0.03	0.09	0.2	1.2	0.06n	0.15n	126	110	±2−18	0.38	AD	0.5
OP97F	1	0.03	0.075	0.3	2	0.03n	0.15n	120	106	±2−20	0.4	AD	0.5
LT1012D	1	0.012	0.06	0.3	1.7	0.08n	0.3n	126	106	±1.2−20	0.4	LT	0.5
LT1013D	2	0.06	0.3	0.4	2.5	15n	30n	137	122	±2−20	0.7	LT	0.55
LT1112C	2	0.025	0.075	0.2	0.75	0.08n		134	118	±1−20	0.7	LT	0.3

(b) COMS 输入型

型号	电路数	输入补偿电压 /mV		温漂 /(μV/℃)		输入偏置电流 /A		开环增益 /dB		工作电压 /V	工作电流 /mA	公司	0.1~10Hz 噪声 /(μV_{P~P})
		典型	最大	典型	最大	典型	最大	典型	最小				
TLC2654C	1	0.005	0.02	0.004	0.3	0.05n		155	135	±2.3−8	1.5	TI	1.5
TLC2652C	1	0.0006	0.003	0.003	0.03	0.004n		150	120	±1.9−8	1.5	TI	2.8
LTC1052C	1	0.0005	0.005	0.01	0.05	0.01n		160	120	4.75−16	3	LT	1.6
LTC1152C	1	0.005	0.01	0.01	0.05	0.05n		170	125	±2−8	1.8	LT	0.75

(c) FET 输入型 续表 3.2

型 号	电路数	输入补偿电压/mV		温漂/(μV/℃)		输入偏置电流/A		开环增益/dB		工作电压/V	工作电流/mA	公司	0.1~10Hz 噪声/(μV$_{P-P}$)
		典型	最大	典型	最大	典型	最大	典型	最小				
AD795J	1	0.1	0.5	3	10	1p		120	110	±4—18	1.3	AD	1
LT1113C	2	0.5	1.8	8	20	320p		133	120	±4.5—20	5.3	LT	2.4

- 补偿电压：30(最大 90)μV。
- 温漂：0.3(最大 1)μV/℃
- 0.1~10Hz 噪声：0.23(最大 0.6)μV$_{P-P}$

这些值代表着 DC 特性。若需更高的精度，表 3.3 中，列出了增强版的 AD707K 或 AD707C，当然，它们的价格很高。

表 3.3 AD707 上位版的工作参数

型 号	输入补偿电压/μV		温漂/(μV/℃)		输入偏置电流/nA	
AD707K	10	25	0.1	0.3	0.5	1.5
AD707C	5	15	0.03	0.1	0.5	1

另外，关于 OP07 所遇到的非线性误差问题，由于 AD707 的开环增益可达 142(最小 130)dB，所以，这个值在使用时几乎是没有问题的。

双极输入型 OP 放大器的缺点是偏置电流偏大，AD707J 为 1(最大 2.5)nA。即使 mV 级的 OP 放大器采用了补偿电压小的高精度 OP 放大器，还是希望输入偏置电流的误差要小些。

图 3.3 为 mV 级放大器的代表——热电偶放大器的示例。为了防止外来噪声对这微小信号的干扰，滤波电路是不可缺少的。电阻 R_1 和电容 C_1 组成低通滤波器，这时，R_1 与 OP 放大器输入偏置电流 I_B 会产生补偿电压。

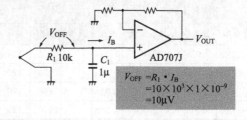

$$V_{OFF} = R_1 \cdot I_B$$
$$= 10 \times 10^3 \times 1 \times 10^{-9}$$
$$= 10\mu V$$

图 3.3 热电偶放大器的应用中 OP 放大器的输入偏置电流产生补偿电压

根据图 3.3 中 AD707J 的情况，若 $R_1＝10kΩ$，则补偿电压为 $10μA$。但是，根据用途的不同，为了降低输入滤波的截止角频率，需要进一步增大 R_1 值，或者增大传感器自身的电阻。

这时，选择输入偏置电流小的 OP 放大器是必要的。例如，可使用 LT1012D，AD705，OP97 等。根据表 3.2，LT1012D 输入偏置电流为 $0.08nA$，即使 R_1 变为 $100kΩ$，补偿电压也还是 $8μA$ 左右。

如果需要输入电阻高，而双极输入型 OP 放大器还不能满足的话，可以使用 FET 输入 OP 放大器。例如，AD795J

- 补偿电压：100(最大 500)$μA$。
- 温漂：3(最大 10)$μV/℃$。
- $0.1～10Hz$ 噪声：1(最大 3.3)$μV_{P-P}$

等参数，虽略显得差一些，但与之相反，输入偏置电流确为 $1pA$，已经是很小了。

24 减小双极输入型 OP 放大器的偏置电流的技术

OP 放大器的输入偏置电流并不是都很小，双极输入型 OP 放大器与 JFET 或 FET 输入相比，偏置电流要大些(因输入部分有晶体管的基极电流)。

但是，有各种各样的手段可以实现低偏置电流的电路。表 3.4 列出偏置电流小的 OP 放大器的示例。每个示例，通过各有特色的手段，实现了低偏置电流。

表 3.4　偏置电流低的双极输入型高精度 OP 放大器

型　号	电路数	输入补偿电压 /mV		温漂 /($μV/℃$)		输入偏置电流 /A		开环增益 /dB		工作电压 /V	工作电流 /mA	公司	输入噪声密度 /(nv/$\sqrt{Hz}$)
		典型	最大	典型	最大	典型	最大	典型	最小				
LM308A	1	0.3	0.5	2	5	1.5n	7n		96	±2.0-18	0.3	NS	35
LM11CL	1	0.5	5	3		0.07n	0.2n	110	88	±2.5-18	0.3	NS	150
OP07D	1	0.085	0.25	0.7	2.5	3n	14n	112	102	±3-18	2.7	AD	9.6
LT1012D	1	0.012	0.06	0.3	1.7	0.08n	0.3n	126	106	±1.2-20	0.4	LT	14

▶ 使用了大 β 晶体管的 LM308A

LM308A 的输入是大 β 晶体管，使用非常大的 h_{FE}，可实现低偏置电流。因此输入偏置电流不大于 1.5(最大 7)nA。这个值比起最近的 OP 放大器也不逊色。

缺点是噪声密度为 35 nV/$\sqrt{\text{Hz}}$，有点大。作为通用 OP 放大器也许很好，但作为高精度 OP 放大器就太大了。

▶ **连接达林顿晶体管的 LM11**

LM11 的大 β 晶体管的输入端与达林顿晶体管连接，可以得到非常大的 h_{FE}，从而实现低偏置电流。根据表 3.4，可以小到 70(最大 200)pA，已经达到 FET 输入 OP 放大器的水平。

但遗憾的是这种 OP 放大器的输入噪声电压为 150 nV/$\sqrt{\text{Hz}}$，这是非常大的。

▶ **使用了电流消除电路的 OP07**

风靡一世的 OP07 为高精度 OP 放大器，通过独特的电路(偏置电流消除电路)成功地把输入偏置电流降低了。OP07 的输入部分如图 3.4 所示。

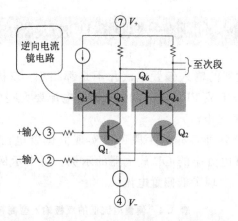

图 3.4 OP07 输入段的偏置电流补偿电路

通过 Q_3 和 Q_5 组成被称为电流镜的电路，Q_1 的基极电流与 Q_5 流出的电流值相同(像镜子似的)，消去正相输入端的偏置电流，同样的方法，通过 Q_4 和 Q_6 将反相输入端的偏置电流也消去了。

其结果，OP07 的偏置电流减小为 0.7(最大 2.5)nA，而输入噪声密度仅为 9.6 nV/$\sqrt{\text{Hz}}$。

▶ **大 β 晶体管＋电流消除电路的 LT1012**

OP07 之后，又出现了 LT1012，通过大 β 晶体管和电流消除电路的结合，实现了比 OP07 还小的输入偏置电流。

图 3.5 为 LT1012 输入部分，由于 OP07 的正反相输入端分别加以补偿，所以对 PNP 晶体管 Q_5 和 Q_6 的基极漏电流成为补偿的界限。但是，LT1012 是通过 Q_{13} 的晶体管对正反相输入端一起补偿，对 PNP 晶体管 Q_{13} 的基极漏电流没有什么影响。其结果是，输入偏置电流不大于 80（最大 300）pA。输入噪声密度仅为 14 $nV/\sqrt{Hz}$，比 OP07 稍有增加。

所以，双极输入型 OP 放大器的缺点是输入偏置电流大。但通过改进，现在也不用再担心了。

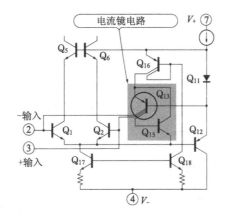

图 3.5 LT1012 输入端的偏置电流补偿电路

25 COMS 斩波 OP 放大器的低频噪声要大

在高精度 OP 放大器中有一种叫斩波 OP 放大器。如图 3.6 所示，由于 OP 放大器内部保留了补偿电压的补偿周期，所以内藏有补偿电压的自动补偿电路。由此，斩波 OP 放大器的补偿电压和温漂近似于零。

例如 TLC2654 的特性具体如下：

· 补偿电压为 5（最大 20）μV。

· 温漂为 0.004（最大 0.3）$\mu V/℃$。

这两个参数是很惊人的。

但是，这种 OP 放大器有一个很大的缺点就是它的低频噪声（0.1～10Hz）很大。0.1～10Hz 噪声称为 OP 放大器 $1/f$ 噪声（参照图 3.7）。通常用 P-P 电压表示。为了区别 OP 放大器的 DC 温漂，不说 DC 而说 0.1Hz。

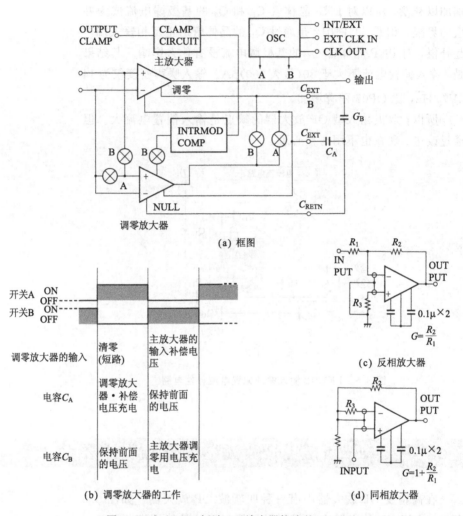

(a) 框图

(b) 调零放大器的工作

(c) 反相放大器

$G = \dfrac{R_2}{R_1}$

(d) 同相放大器

$G = 1 + \dfrac{R_2}{R_1}$

图 3.6 由 COMS 斩波 OP 放大器构成的 TLC2654

TLC2654C 的特性如下：

- 0.1～10Hz 噪声：$1.5\mu V_{P-P}$

这个值是双极输入型 OP 放大器 AD707 的 5 倍。这不仅因为 TLC2654 是斩波 OP 放大器，而它的输入部分为 MOS FET，这也是主要原因之一。MOS FET 的低频噪声非常大，所以，0.1～10Hz 噪声变得很大。

图 3.8 为产品手册上的斩波 OP 放大器的噪声特性，图 3.9 给出了实际 LTC2654 的噪声特性。为了比较，也给出了双极型

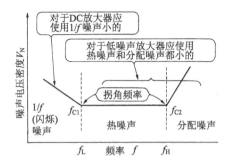

热噪声领域中的噪声：$V_N \cdot \sqrt{f_H - f_L}$

$1/f$ 噪声领域中的噪声：$V_N \cdot \sqrt{(f_H - f_L) + f_{C1} \ln \dfrac{f_H}{f_L}}$

分配噪声领域中的噪声：$V_N \cdot \sqrt{(f_H - f_L) + \dfrac{(f_H{}^3 - f_L{}^3)}{3 f_{C2}}}$

图 3.7   通常噪声的分类

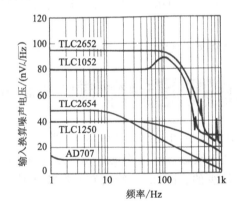

图 3.8   产品手册上斩波 OP 放大器的噪声特性

放大器 AD707 的特性。

由于频域 0.1～10Hz 的低频噪声与 DC 很接近，温漂和补偿难以区别。所以，制作频域在 DC～10Hz 工作 mV 级放大器时，使用 AD707，温漂将会更大。另外，近来市场上卖的斩波 OP 放大器 LTC1152 要小的多，为 0.75（最大 1）μV_{P-P}。

有效利用斩波 OP 放大器的 DC 特性，使用时对频域必然有很大的限制（因为它是响应速度很慢的放大器）。如果用双极型的工艺流程来制作斩波型 OP 放大器，也许就可制作出小噪声的 OP 放大器。

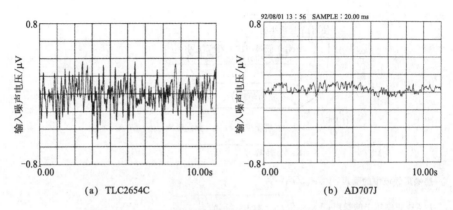

(a) TLC2654C   (b) AD707J

图 3.9 OP 放大器的实际噪声特性(LTC2654 和 AD707)

另外,这种 OP 放大器会产生特有的噪声(即斩波噪声),与双极输入型 OP 放大器相比,不易使用。因其噪声通过电源线向空中辐射,若在其附近使用高感应度的 OP 放大器等器件的时候,应特别注意。

补偿电压为零是我们的目标,今后,噪声之战还将继续。

26 高精度 mV 级的 DC 放大器必须具备输入滤波器

mV 级 OP 放大器如图 3.10 所示,一般要使用输入滤波器。因该滤波器是用来衰减高频噪声的,故称为低通滤波器,它是非常重要而不可缺少的。图 3.11 给出有无滤波器时的特性变化数据图。

图 3.11(a)为无输入滤波器时的输出,而图 3.11(b)为有输入

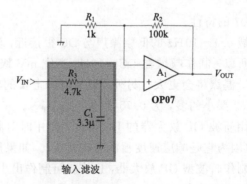

图 3.10 为防止频带以外的信号输入,OP 放大器必须具备滤波电路

滤波器时的输出。用 AC 电压（正弦波）$50mV_{RES}$ 模拟噪声输入到电路。从图上可看出，有输入滤波器的 DC 电位没有变化，无输入滤波器的 DC 电位有变化，这是为什么呢？

一般高精度 OP 放大器的 DC 特性都很优秀，而频率特性和转换速率等交流特性很差。所以，当输入信号频率高时，转换速率不足而发生失真，将一部分交流变成了 DC 成分。

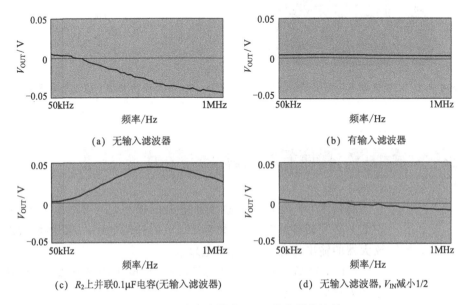

(a) 无输入滤波器　　　　　　　(b) 有输入滤波器

(c) R_2 上并联 0.1μF 电容(无输入滤波器)　　(d) 无输入滤波器,V_{IN} 减小 1/2

图 3.11　通过滤波器进入 OP 放大器的效果

用正弦波输入时都有这样的经验，即频率变高后会变成近似的三角波，最后，变成与该正弦波不相干的波形了（如照片 3.1 所示）。这是 OP 放大器转换速率不足而产生的波形失真。对于 mV 级放大器，其增益越大就越显著。

根据图 3.12，反馈电阻上并联一个电容，限制一下带宽会好吗？请看图 3.11(c)，与无输入滤波器相同，DC 电平产生很大的变化。

图 3.11(d) 为无输入滤波器，输入电压为 1/2 时输出波形。与图 3.11(a) 相比小了不少，但不为零。总之，高频噪声应在 OP 放大器输入前去掉，切记不要将频带以外的频率信号输入。

但是，输入端加上电阻时，在 OP 放大器的输入偏置电流的作用下会产生补偿电压。所以，R_3 的值不能太大。如果想增大 R_3 值，可以选用低输入偏置电流的高精度的 OP 放大器。例如，

OP97F，输入偏置电流为 30pA（典型值），作为 FET 输入 OP 放大器是很有实力的。

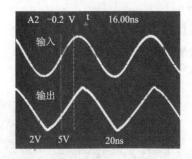

照片 3.1　转换速率不足而引起的波形失真

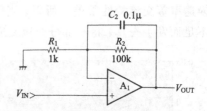

图 3.12　在负反馈电路上滤波是不适合的

27　补偿调整范围狭窄的高精度 OP 放大器

高精度 OP 放大器的输入补偿电压很小，但再小也不为零。原则上必须调整补偿电压（如有 $20\mu V$ 的补偿电压，200 倍增益的放大器的输出将有 4mV 的误差）。

此时，产品手册中记录的标准的补偿电压调整方法，因调整范围太宽而应特别注意。

图 3.13 为 OP07 和 OP177 的标准的补偿电压的调整方法，单回路封装的 OP 放大器几乎都留有调整补偿电压的管脚。这种方法既简单又方便，调整范围为 $\pm3000\mu V$，或略有偏大。在实际中，如图 3.14 所示，R_1，R_2 串联在 VR_1 的两端，使得 OP177 的补偿电压的调整范围为标准的 1/10，即 $\pm300\mu V$。但这也太大，考虑 OP 放大器的偏差，极端的狭窄是不太可能的。

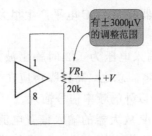

图 3.13　高精度 OP 放大器 OP177 的标准的补偿电压调整方法

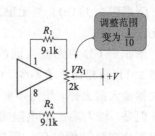

图 3.14　为使高增益时稳定，使补偿调整范围变窄

另外,根据图 3.15 的差动放大器电路,其初段接入了 2 个 OP 放大器,非常适合。但是,含有 2 个 OP 放大器的封装,因管脚数的关系,外边不会有补偿调整的管脚。此时,有必要在外部进行调整。

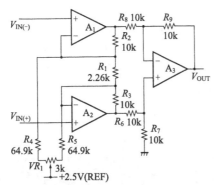

图 3.15 通过差动放大器构成的补偿调整方法

R_4, R_5, VR_1 为补偿调整元件,没有它,放大器的增益 G 为:

$$G = 1 + \frac{R_2 + R_3}{R_1} \qquad (3.1)$$

当有 R_4 , R_5 时,会发生微小的变化。

为了简单,令 $R_1 = R_3 = R$, $R_4 = R_5 = r$,图 3.15 的电路增益 G 变为:

$$G = 1 + \frac{2R}{R_1} + \frac{2R}{2r + VR_1} \qquad (3.2)$$

将 $R_1 = 2.26\text{k}\Omega$, $R = 10\text{k}\Omega$, $r = 64.9\text{k}\Omega$, $VR_1 = 3\text{k}\Omega$,代入式(3.2),则 $G = 10$。

这个电路的补偿调整范围可以由 R_4, R_5 自由设定。

同样的差动电路,图 3.16 所示,应用于差动输入显示的 A-D 转换器时,不使用图 3.15 的 A_3 也是可以的。

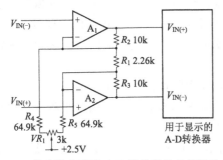

图 3.16 差动输入型的 A-D 转换器的补偿调整方法

28　高精度电路应缩小调整范围

　　大多数的 OP 放大器电路，最低的零点（失调）和满刻度的点的两点调整是必要的。

　　如果必须调整，就要使用微调电位器，一般采用耐热合金包装（如照片 3.2）。但是这种微调电阻的误差为 10％，温度系数 100ppm/℃，比起金属膜电阻的特性要差得很多。顺便提一下，作者比较喜欢用金属膜电阻，因其电阻误差为 1％，温度系数为 50ppm/℃（如照片 3.3 所示）。

(a) 单圈电位器　　　　　　　　　　　　(b) 多圈电位器

照片 3.2　失调或增益调整使用的电位器

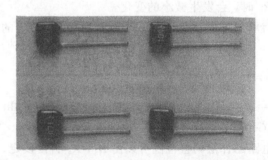

照片 3.3　OP 放大器使用的电阻——多为金属膜电阻

　　线绕电位器的电阻误差为 10％，温度系数为 50ppm/℃左右。性能越好，价格越高。另外，电位器有一种称为迟后跳跃现象，故在调整时要来回调整才能达到最佳值。这种现象常见于便宜的电位器。

　　由于微调电位器的性能比金属膜电阻差，而在高精度的电路中希望微调电位器的影响能被限制到最小程度，调整范围尽可能地狭窄是尤其重要的。

　　图 3.17 给出一个 1 倍增益的反相放大器。增益由 $20k\Omega$ 的 VR_1 调整，大概在 0％～200％的范围内增益调整是可以的。调整

范围越大越方便,可是调整范围过大,VR_1 的影响就变大。

图 3.18 是稍加考虑的电路。R_2 为 9.76 kΩ(选择 E96 系列),VR_1 为 500 Ω,比上例小。这个电路的调整范围为 97.6% ～ 102.6%,调整范围缩小了约±2.5%,可完全满足通常的应用。

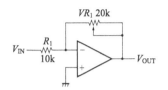
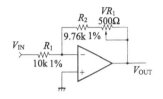

图 3.17 0～2 倍增益的电路   **图 3.18** 调整范围窄的反相放大器

图 3.19 为进一步考虑的电路。R_1,R_2 接在微调电位器的两端,R_1 和 R_2 均使用 10kΩ 的阻值。

图 3.20 为更进一步思考的电路。减轻了微调电位器的电阻误差对电路的影响。微调电位器的电阻误差的最差精度也就是 10%。所以,增益调整范围取决于 R_3,R_3 使用金属膜电阻 (510Ω),其调整范围为±2.5%(与 VR_1 并联),非常合适。

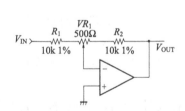
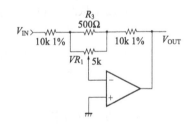

图 3.19 考虑了缩小调整范围的电路   **图 3.20** 考虑到电位器误差的调整电路

实际的调整使用 VR_1。如果选择 VR_1 的阻值为 R_3 的 10 倍,则即使电位器有 10% 的误差,对电路的影响也只有其 1/10(即 1%)。当然,如果选择 VR_1 的阻值为 R_3 的 100 倍,其影响仅为 1/100,但要特别注意,由于 OP 放大器输入电容的影响容易引起振荡。

29 ▶ 采用更换固定电阻的方法来增大调整范围

允许放大电路等的调整范围变窄时,电位器的调整范围变窄是没问题的。但有时希望能扩大调整范围。

图 3.21 给出使用空心线圈作为电流传感器的积分放大器。由于在户外使用(要求温度范围宽),选用高精度 OP 放大器 OP97。

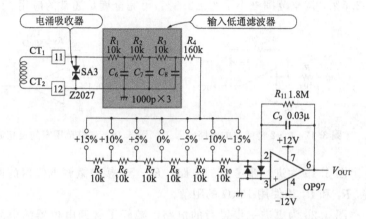

图 3.21 为了增大调整范围,使用电流传感器的积分放大器

作为传感器的空心线圈,因无磁心,故无饱和问题,数十万安的电流都可以。只是其输出为微分波形,有必要通过积分电路还原成不依赖于频率的原始波形。

但是,实际上空心线圈的误差大,积分电路的调整范围至少需要±15%。与金属膜电阻相比,电位器的性能差,要±15%的调整,稳定性变坏。又因为是在室外使用,故要求有很宽的温度范围。

图中的固定电阻按 5%的阶梯递进,与传感器相配合进行设定。图中虽未标出,最后的放大器设有±5%的调整范围。

图 3.22 表示了印制版上的焊点、铜箔走线的图样,它可以确保简单的增益设定。也可以使用跳线开关,但考虑到它们的可靠性,采用了焊锡连接的方法(听说过每个回路都做成模块的例子)。图中圆形焊点的中央有大约 0.5~1mm 左右的切口。因此,

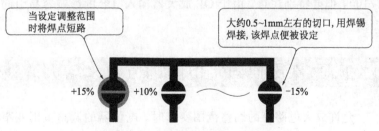

图 3.22 连接焊点来设定增益

当被设定的焊点用焊锡焊上时，该焊点被短路。理所当然，为了
焊接可靠，禁止在设定的焊点上使用油漆作标识。

30 同相放大器也可应用于高精度电路中——OP 放大器的 CMRR 要大

电子线路的教科书中写道："同相放大器受同相电压影响"。
所以，有人嫌弃同相放大器，而使用反相放大器。

如图 3.23 所示，图 3.23(a) 为基本的反相放大器，其输出为

$$V_{OUT} = -\frac{R_2}{R_1}V_{IN} \tag{3.3}$$

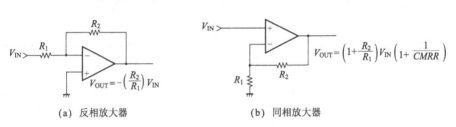

(a) 反相放大器   (b) 同相放大器

图 3.23 反相放大器与同相放大器的差异

另外，图 3.23(b) 为基本的同相放大器，其输出由为

$$V_{OUT} = \left(I + \frac{R_2}{R_1}\right)\left(1 + \frac{1}{CMRR}\right)V_{IN} \tag{3.4}$$

从方程式可知，同相放大器有 1/CMRR 项的误差。这就是
嫌弃同相放大器的原因所在。CMRR(Common Mode Rejection
Ratio) 被称为共模信号抑制比。差动放大器可以除去同相信号的
影响 (OP 放大器中基本上就是差动放大器)。除去同相信号的多
少用 CMRR 表示。

然而，作者在使用同相放大器
时，无论怎么使用也没遇到过不合适
的地方，为什么呢？其结论是"最近
的 OP 放大器的 CMRR 非常大"。

图 3.24 摘自产品手册上的 OP27
的开环增益 A_{OL} 和 CMRR 值。由此可
知 CMRR > A_{OL}，由于开环增益引起
误差很大，而 CMRR 引起的误差就显
现不出来了 (到现在为止追求误差的

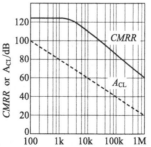

图 3.24 最近 OP 放大器的
开环增益和 CMRR

用途是很少有的）。

　　从前 OP 放大器的 CMRR 特性的确很差，或许那时的同相放大器的特性不是很好。但是，最近的 OP 放大器的特性有了很大的提高，嫌弃同相放大器的理由也就不存在了。无论反相放大器还是同相放大器都是优秀的电路，二者都应该有效的应用。

　　但是，在宽带（高频率）OP 放大器中，单纯地追求 AC 特性会忽略 CMRR 特性差的放大器。除特殊用途之外，这类 OP 放大器不常用，不太好使。

31 高精度 OP 放大器应选 CMRR 大的

　　如图 3.25 所示，电阻的误差为 ε 时，差动放大器电路的 CMRR（共模信号抑制比）为

$$CMRR = 20\log \frac{G}{\varepsilon} \tag{3.5}$$

其中，G 为电路的（差动）增益。

　　例如，将 $G=100$，$\varepsilon=1\%$ 代入式（3.5）中得

　　　　$CMRR = 20\log(100/0.01) = 80(dB)$

　　这里有个疑问，ε 为零时会如何？决不可能为 ∞。这会不会是 OP 放大器的 CMRR 有问题。为了确认，下面用 TL061（通用 OP 放大器）和 OP07（高精度 OP 放大器）做个试验，它们的 CMRR 是不同的。

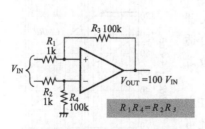

图 3.25　一般的 OP 放大器电路

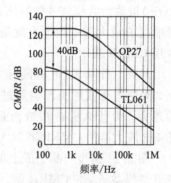

图 3.26　产品手册上 OP 放大器的 CMRR 特性

　　图 3.26 为产品手册上的 CMRR 的特性。图上可以看出，

OP27 比 TL061 好，高出了大约 40dB。那么实验结果也是这样吗？

图 3.27 给出 TL061 的 CMRR 特性。$\varepsilon=1\%$ 时，CMRR 大约为 80dB（$f=100\text{Hz}$），与计算值相同。经调整后，也只能得到 100dB，不会超过它。另外，实验中图 3.25 中的 R_4 是可变电阻。

图 3.28 给出 OP07 的 CMRR 特性。$\varepsilon=1\%$ 时，CMRR 大约为 80dB（$f=100\text{Hz}$），与计算值相同。但经过调整后，轻轻松松地超过 120dB。

所以，当需要电路的 CMRR 大时，使用 CMRR 大的 OP 放大器，差动的各电阻要平衡一致。注意，通用 OP 放大器很便宜，但多数的 CMRR 小。高精度 OP 放大器的 CMRR 比较大，可放心使用。

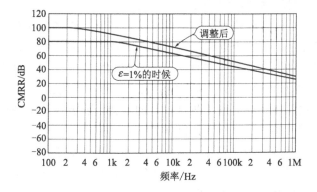

图 3.27 通用 OP 放大器 TL061 实际的 CMRR 特性

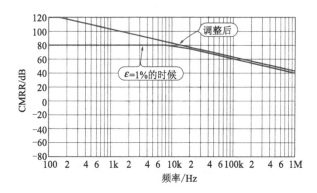

图 3.28 高精度 OP 放大器 OP27 实际的 CMRR 特性

32　OP 放大电路的模拟接地应采用一点接地的方式

低频电路的应用中，有"一点接地是基本"之说。可是，具体内容至今为止还不太清楚。

某公司技术员曾经请求我按图 3.29 制作电路板。当收到这个图时，给我的第一印象是"太简单了"。立即请求电路板公司制作，"昨天传真的电路，请按图 3.29 设计"，等到做出来后，就知道不对昧了，交货期又紧，修改时间都没有。

图 3.29 表达的内容如下：

① 各个电路模拟接地与 3 端稳压源的地接在一起。

② 同样，数据地也接在这一点上。

最近，模拟电路与数字电路交叉在一起，称之为模拟数字电路，很普遍。把这个电路的模拟电路和数字电路从物理意义上分开是必要的。因为模拟接地 A. GND 与数字接地 D. GND 在焊点上也必须分开布线，3 端稳压器的接地实行一点连接。

如果忽视了，实行了两点以上的连接，数字接地上的噪声会混入模拟接地上，再修改就很难了。

模拟接地与数字接地分开是非常重要的，对于使用多个 A-D 转换芯片或 D-A 转换芯片等的电路，按照图 3.30，使用光电隔离技术将它们彻底地分开(绝缘)。

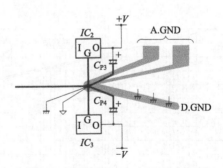

图3.29　模拟接地实现一点接地是基本

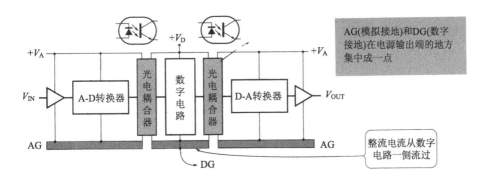

图 3.30 数字模拟混合电路中数字电路部分与模拟电路部分必须绝缘

33 不能一点接地时的对策

双面(多层)印制板有足够的空间印制焊点,容易实现一点接地,但是大部分的情况都感觉到面积不足。此时,一点接地的另一种方法如图 3.31 所示。

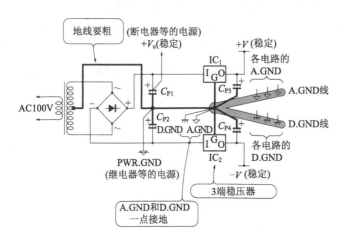

图 3.31 不能实现一点接地时通过引线连接

"哎,没有一点接地呀"。它是优先将模拟接地制作成宽的线。

有种建议,"多层印制板选择平板接地为好"。平板接地是应用于高频电路的技术,因接地的阻抗下降,即使低频也无影响。但是,批量生产时就会介意1日圆或10日圆了,不使用多层板的地方是有的。

"印制板的面积必须再缩小",这就困难了,首先是器件放不下,就是放得下器件也无法布线,这种情形大家都会遇到很多次吧。

这个时候,可选用更小一点的元件或贴片元件。但大家往往会忘记使用多层板。使用多层板,只要元件能放下,焊点的引线是没有问题的。

对继电器或电机等有大电流流动的器件,如图 3.31 所示,另外设计动力接地(PWR. GND)可能会更好。当模拟接地有动力接地的电路电流流入时,模拟增益电压会下降,这是引起补偿电压变化和产生噪声的原因。同样考虑,继电器用的电源(非稳定性)也从电容 CP_1 上取出,而不是从 IC 输出端(稳定性)取出。

34 高精度 mV 级放大器旁边不能放置发热器件

mV 级放大器放大微小 DC 电压时,具有很高的电压增益。所以,很小的补偿电压都将引起电路的误差。

例如,图 3.32 给出在 OP 放大器附近放有发热源(如电阻等),性能变差的例子。电阻温度升高,通过空气或印制板的传递,使 OP 放大器升温。OP 放大器的温度均匀升高是没有问题的,但温度有差异时,根据热电偶原理,将产生热电动势。

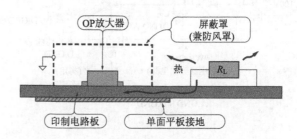

图 3.32 mV 级 OP 放大器的附近不能放有发热源

通常,焊锡的热电动势为数 $\mu V/℃$,与高精度 OP 放大器的温漂相比要大,不用说它是问题的起源。所以,对于 mV 级放大器,发热源应放在其他的基板上,即使不放在其他的基板上也应尽可能地将它放得远一点。

　　mV 级放大器在实际装配中，重要的一点是温度不能有梯度。如图 3.32 所示，在印制板的背面附加平板接地，利用金属的铜箔来均匀 OP 放大器周边的温度。

　　顺便说一下，检测 nV 信号（10^{-9} V——mV 是 10^{-3} V）的电压时，由于担心热电动势的影响，测量仪不能使用焊锡，而应使用紧压连接方式。另外，应罩上厚的铜板尽量使 OP 放大器周围的温度均匀。

　　最后，为了避免风的影响，采用防风罩，并兼作屏蔽罩。当然，屏蔽罩应接地。

　　还有，电源变压器或输入输出变压器之类的东西不要放在 OP 放大器的附近。因为变压器有漏磁电感，如果高增益的放大器置于其周围，通过电磁感应产生的电压将被放大。

35　微弱信号的 OP 放大电路特别要注意电源去耦

　　最近，小规模电路也使用了微机芯片，模拟电路和数字电路同在一个系统，从数字电路产生的噪声，即开关噪声，影响了模拟电路，应想办法避免。

　　电源电压缓慢变化通过高精度 OP 放大器的 PSRR（电源电压抑制比）增大，似乎没有问题。但是，开关噪声在数十千赫［兹］到数百千赫［兹］，或数兆赫［兹］或更高时，仅仅 OP 放大器的 PSRR 是不能消除的，对 mV 级放大器危害极大。

　　图 3.33 给出高精度 OP 放大器的代表——OP707 的 PSRR 特性曲线。低频时 PSRR 有 130dB。10kHz 时仅为 40dB。再高频就更差。

　　图 3.34 给出了 OP 放大器的电源与数字电路共用时的电路。从数字电路产生的电流噪声通过电源线传导到模拟电路。这个电流噪声一大，即使 OP 放大器电源上装有旁路电容也滤不掉。

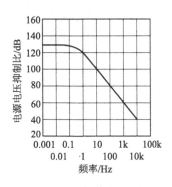

图 3.33　高精度 OP 放大器的
电源电压抑制比（PSRR）

　　这时，插入去耦电阻 R_{PA} 是有效的。R_{PA} 越大消除噪声的效果越好，由于通过 OP 放大器电路电流的电压变大，一般使用 100Ω 以下。当然，用线圈(电感)代替电阻会更好些。

开关噪声也许是数字电路的独卖专利吧，其实模拟 IC 中也有噪声输出，如图 3.35 所示。

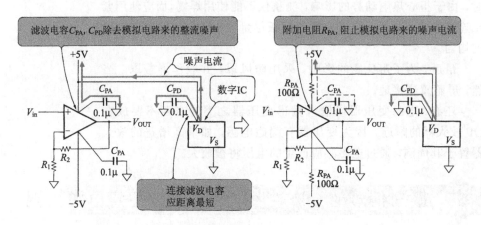

图 3.34　为了除去从数字电路产生的电源噪声而加的去耦电路

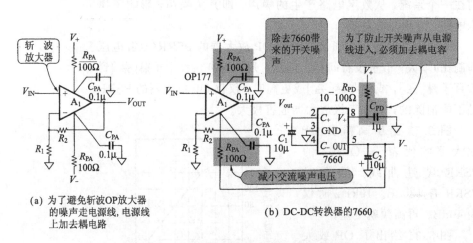

(a) 为了避免斩波OP放大器
的噪声走电源线，电源线
上加去耦电路

(b) DC-DC转换器的7660

图 3.35　开关噪声经常出现在没有想到的地方

图 3.35(a) 中是一个斩波 OP 放大器。斩波 OP 放大器为了给补偿电压定期地补偿，内部设有振荡电路，这是一个优秀的数字电路。当附近有高灵敏的电路时，斩波 OP 放大器的电源线上接入去耦电阻 R_{PA} 和滤波电容 C_{PA}，避免噪声走电源线。庆幸的是斩波 OP 放大器的噪声电流小，采用图上的方法是可以滤掉的。

　　图 3.35(b)是使用负电源的转换器 IC 的实例。当从正电源得到负电源时，多数采用 7660 的负电源转换器 IC(＋5V 变为－5V)，很方便。但是，这样优秀的开关电路，却产生非常大的噪声。因此，可按照图，加上去耦电阻 R_{PA} 和去耦电容 C_{PA}，以防噪声流出。

　　另外，负电源一旦有交流噪声，A_1 的输出也会出现交流噪声。该噪声可以通过增大 7660 的 C_1，C_2 值或者增大负电源一侧的去耦电阻 R_{PA} 来解决。

第 4 章
微小电流 OP 放大器的应用技巧

通用 OP 放大器的输入偏置电流为 nA(10^{-9} A)～μA(10^{-5} A)，而微小电流 OP 放大器则在 pA(10^{-12} A)～fA(10^{-15} A)或更小。

表 4.1 中列出的 μPC252A 和 ICH8500A 就是所谓微小电流 OP 放大器，均属于 MOS FET 输入型。

不用说，这种 OP 放大器的输入偏置电流小，但却有输入补偿电压和温漂大的缺点。例如，μPC252A 的补偿电压为 5（最大 30）mV，温漂为 10（最大 1000）μV/℃。与最近微小电流 OP 放大器相比，差的很多。

微小电流 OP 放大器的新产品很少出来，表 4.2 给出了一些易于使用的 OP 放大器。特别是 OPA128 和 AD549，虽然是 JFET 输入，但输入偏置电流小于 fA 级，输入补偿电压和温漂也很小。

表 4.1　低输入电流 OP 放大器 μPC252A 和 ICH8500A 的特性

型　号	电路数	输入补偿电压/mV		温漂/(μV/℃)		输入偏置电流/A		GB 积/MHz	转换速率/(V/μs)	工作电压/V	工作电流/mA	公司	特征
		典型	最大	典型	最大	典型	最大	典型	典型				
μPC252A	1	5	30	10	100	100f	1000f		0.6	±4.18	0.5	NE	MO
ICH8500A	1		50		100		10f		0.5	±4.15	2.5	IS	MO

特征　MO：MOS FET 输入

表 4.2 最近低输入电流 OP 放大器

型号	电路数	输入补偿电压/mV		温漂/(μV/℃)		输入偏置电流/A		GB积/MHz	转换速率/(V/μs)	工作电压/V	工作电流/mA	公司	特征
		典型	最大	典型	最大	典型	最大	典型	典型				
LMC6001C	1		1	2.5		10f	1000f	1.3	1.5	4.5.15.5	0.5	NS	CM
LMC6001B	1		1	2.5	10	10f	100f	1.3	1.5	4.5.15.5	0.5	NS	CM
LMC6001A	1		0.35	2.5	10	10f	25f	1.3	1.5	4.5.15.5	0.5	NS	CM
AD549J	1	0.5	1	10	20	150f	250f	1	3	±5.0-18	0.6	AD	JF
AD549K	1	0.15	0.25	2	5	75f	100f	1	3	±5.0-18	0.6	AD	JF
AD549L	1	0.3	0.5	5	10	40f	60f	1	3	±5.0-18	0.6	AD	JF
OPA128J	1	0.26	1		20	50f	300f	1	3	±5.0-18	0.9	BB	JF
OPA128K	1	0.14	0.5		10	75f	150f	1	3	±5.0-18	0.9	BB	JF
OPA128L	1	0.14	0.5		5	40f	75f	1	3	±5.0-18	0.9	BB	JF

特征 CM：CMOS，JF：JFET 输入

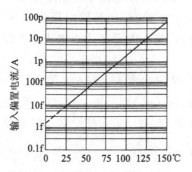

图 4.1 FET 输入 OP 放大器的
输入偏置电流温度特性

但是，这里所说的输入偏置电流是指常温（25℃）时的值。FET 输入（或 MOS FET 与 JFET 共同）OP 放大器，当自身的温度高时，输入偏置电流就急剧增加（图 4.1）。通常，温度每升高 10 度偏置电流增加 2 倍（33℃时为 10 倍）。使用时应特别注意周围温度或自身的发热情况。

抑制自身发热的最好方法是抑制消耗功率。

37 使用微小电流 OP 放大器的技术

μPC252A 和 ICH8500A 都是 MOS FET 输入，最近的 OPA128D 等都变为 JFET 输入，补偿电压和温漂等直流特性有了相当的改进。OPA128 的输入偏置电流，即使最便宜的 J 版也可达到 150（最大 300）fA。原因在于 OPA128 的加工技术。

　　一般的 FET 加工流程如图 4.2 所示，通过 PN 结连接来达到绝缘，栅极由晶体管形成。由于要附加栅漏电流 I_SUB，所以，输入偏置电流要大些。

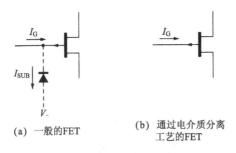

　　　(a) 一般的FET　　　　(b) 通过电介质分离
　　　　　　　　　　　　　　　　工艺的FET

图 4.2　FET 的构成与电介质分离技术

　　另一方面，OPA128 通过被称为电介质分离工艺达到绝缘，不存在 PN 结二极管，从而实现了小偏置电流。

　　图 4.3 给出了 OPA128 的内部电路。使用了共射共基（Cascode）电路。一般的 FET 如图 4.4 所示，漏-栅电压 V_DG 变大和栅极电流（即相当于偏置电流）增加。因此，其缺点是输入电压的变化会引起输入偏置电流的变化。

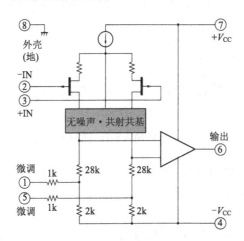

图 4.3　OPA128 的内部电路

　　但是，由于接入共射共基电路抑制了 V_DG 的电压使之一定，上述的缺点就不会发生。由图 4.4(c) 可以明白接入共射共基电路的优越性。

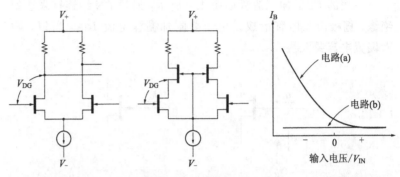

(a) 一般的差动放大器　　(b) 连接共射共基电路的差动放大器　　(c) 输入偏置电流

图 4.4　接入共射共基电路后抑制 V_{DG} 的变化

图 4.5 给出了 OPA128 的输入偏置电流的同相电压与输入电压的依存度,几乎没有变化。从前的 FET 输入型 OP 放大器,输入电压随着同相电压变化而变化。

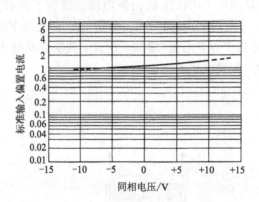

图 4.5　OPA128 的输入电压/同相电压的依存度

AD549 也和 OPA128 一样,在工艺和电路技术上进行了改进,为 JFET 输入,实现了与 OPA128 同样的性能。

38 微小电流 OP 放大器实现了 fA 级信号的放大

使用微小电流 OP 放大器可将从光电传感器等器件得到的微小电流转换成电压,这种电路称为 I-V 转换电路。当需要求得 pA 级信号时,fA 级的微小电流 OP 放大器是必要的。最近,比较便宜而又性能良好的 COMS OP 放大器出现了,用起来很方便。

LMC6001 就是 COMS 构成的微小电流 OP 放大器。因是 COMS 构成，故最大的电源电压为 15.5V，是很低的。近来低电压驱动已成为发展方向。

从前的 fA 级微小电流 OP 放大器如照片 4.1 所示，金属外壳包装，LMC6001 通过塑料封装实现 fA 级的输入偏置电流，价格便宜。

根据 LMC6001 的输入偏置电流的大小，可分为 LMC6001C（最大 1000fA），LMC6001B（最大 1000fA），LMC6001A（最大 25fA）。但是，如图 4.1 所示，FET 输入型 OP 放大器的输入偏置电流与温度有很大的关系，高温使用时应特别注意。

照片 4.1　金属外壳包装的 OP 放大器

图 4.6 给出同相电压的关系曲线，0V 附近有良好的特性。特别要注意同相输入电压的输入偏置电流变大。在 LMC6001 中加入共射共基电路，使同相电压依存度减小的 OP 放大器也可能在不久的将来面世。

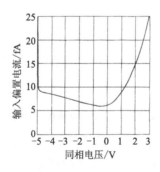

图 4.6　LMC6001 的输入电流与同相电压的关系曲线

LMC6001 是由日立半导体公司制作的，其他特性的微小电流 OP 放大器该公司也有销售。由于 LPC661（含 1 个回路）和 LPC662（含 2 个回路）的输入电流为 2fA（典型值），因此消耗电流为 55μA，自身发热也变小了。

39 微小输入偏置电流的测定方法

通常，测定电流时是通过电阻测定电压降，然而，fA 级的电流使用 $1T\Omega(=10^{12}\Omega)$ 的高电阻，也只有 1mV/fA 的灵敏度。

测定微小电流时采用电容。图 4.7 给出了输入电流的测定方法。我们知道电容的表达式为

$$Q=CV \tag{4.1}$$

其中，Q 为电荷；C 为电容；V 为电压

对式(4.1)的时间 t 微分，得：

$$\frac{dQ}{dt}=C\frac{dv}{dt} \tag{4.2}$$

因为 dQ/dt 是电流，所以，式(4.2)可写为：

$$\frac{dV}{dt}=\frac{i}{C} \tag{4.3}$$

图 4.7 中，由于选择 $C_1=22pF$，所以，从式(4.3)得到 1pA 的电流灵敏度：

$$dV/dt=45.5(mV/sec)$$

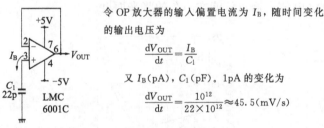

令 OP 放大器的输入偏置电流为 I_B，随时间变化的输出电压为

$$\frac{dV_{OUT}}{dt}=\frac{I_B}{C_1}$$

又 $I_B(pA)$，$C_1(pF)$。1pA 的变化为

$$\frac{dV_{OUT}}{dt}=\frac{10^{12}}{22\times10^{12}}\approx45.5(mV/s)$$

图 4.7 微小输入电流的测定方法

图 4.8 给出电流测定的实验结果。图 4.8(a)为 LMC6001C 取样(1)的实测值。图中 50 秒之间的电压变化 19.44mV，故电流为

$$i=(dV/dt)C$$
$$=[(19.44mV/50s)/45.5mV/s]\times1pA$$
$$=0.0085pA$$

即为 8.5fA。图 4.8(b)为取样(2)的实测值。50 秒之间的电压变化为 37.2mV，故电流为 16.4fA。

由此可知，LMC6001 的输入电流的确非常小。通过 DIP 封装实现 10fA 的微小输入偏置电流是一大成果。

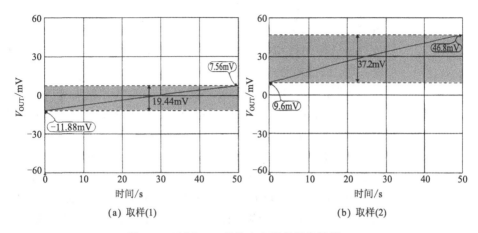

(a) 取样(1)   (b) 取样(2)

图 4.8   LMC6001 的输入电流的测定结果

40   微小电流电路中防止漏电流的技巧

    在使用 pA 级信号的微小电流电路中，元件焊接在印制电路板上，特别要注意漏电流，这时会经常使用一种称为 Guard 的方法。

    请看图 4.9，这是一个将从传感器出来的 pA 级电流信号，变换成电压的 I-V 变换电路的示例。例如，在该电路的附近，有 15V 的电源线，由于电位差，信号电路可能有漏电流，这就会产生误差。

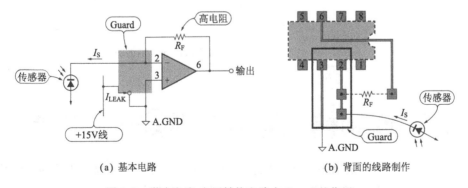

(a) 基本电路   (b) 背面的线路制作

图 4.9   微小电流-电压转换电路中 Guard 的作用

为了避免其发生误差，可采用被称做 Guard 的办法。

如图 4.9(a) 所示，微小电流 OP 放大器的反相输入端的周围用 Guard 围起来。在其附近即使有电源线，漏电流 I_{LEAK} 也会通过 Guard 流向模拟接地端。即 I_{LEAK} 不会流入 OP 放大器的反相输入端，因此不会产生误差。

根据图 4.9(b) 在印制板上设计 Guard。OP 放大器的反相输入（包括回路的 2 个脚）用模拟接地围起来。此图表示的只是背面的线路制作，元件面也同样围起来就更放心了。

也许有人会担心，只是印制电路板表面 Guard 化，而其内部并没有 Guard 化，由于 I_{LEAK} 的产生多数原因是印制电路板脏，因此一般只围表面也就足够了。但是，当被测电流更加小的时候，或者要满足更高精度测量的时候，可以使用聚四氟乙烯接头。

聚四氟乙烯接头如图 4.10 所示。图 4.10(a) 为花瓣型聚四氟乙烯接头。在印制电路板上制作出比聚四氟乙烯接头稍大的孔（通常由厂家制定指定），使用专用工具压入聚四氟乙烯接头。

图 4.10(b) 为针式连接型，由于它需要从印制板上引出针，所以只有使用焊锡在焊点上引出。当然，多功能印制板也是可以使用的。

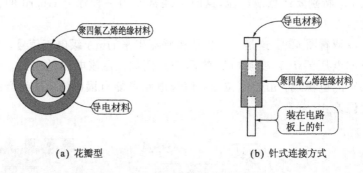

(a) 花瓣型　　　　　　　(b) 针式连接方式

图 4.10　使用聚四氟乙烯高绝缘的接头

41　要注意光电传感器的 I-V 转换电路容易引起振荡

在微小电流 OP 放大器的应用中，测定传感器的电流时，采用 I-V 转换电路。图 4.11 就是一例，这个电路的输出电压 V_{OUT} 为：

$$V_{OUT} = -I_{IN} \cdot R_F \tag{4.4}$$

令 $R_F = 1M\Omega$，$I_{IN} = 1\mu A$，则输出 $V_{OUT} = -1V$。

但是，大家一定都有实践经验，这是不可能使用的，它要引起振荡。

增大 OP 放大器的反馈电阻 R_F 时，主要会引起干扰振荡。OP 放大器有数 pF～数十 pF 的输入寄生电容，使 OP 放大器的稳定性变差。

如图 4.12 所示，在 OP 放大器中加入输入电容，反馈电阻 R_F 和 C_{IN} 构成新的点，称为频率特性的转折点。产生转折点与相位滞后容易引起振荡。转折点频率 f_p 为：

$$f_P = \frac{1}{2\pi \cdot C_{IN} \cdot R_F} \tag{4.5}$$

表示。当 f_p 接近 OP 放大器的组合增益频率或还低时就要特别注意了。

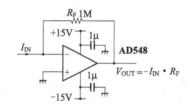

图 4.11 基本的 I-V 转换回路

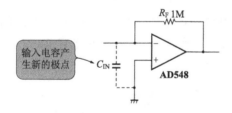

图 4.12 OP 放大器的输入电容

这里使用的 OP 放大器为 AD548，输入寄生电容约 5～6pF(多数 OP 放大器的输入寄生电容都是这样大小)，根据式(4.5)得

$$f_p = \frac{1}{2\pi \times 6 \times 10^{-12} \times 10^6} \approx 26.5 \text{(kHz)}$$

由于 AD548 的组合增益频率 f_T 为 1MHz(即 $f_p < f_T$)，所以更容易引起振荡。

如图 4.13 所示，图 4.11 给出电路测定闭环增益 LG 与相角 φ 的结果。LG_1 与 φ_1 为 $R_F = 0$ 时的特性，即有缓冲的情况。闭环增益为 0dB 时，求得相位裕度 $\varphi_m = 51°$。通常，相位裕度为 45°以上时非常稳定。如有缓冲电路的话，振荡就更不用担心了。

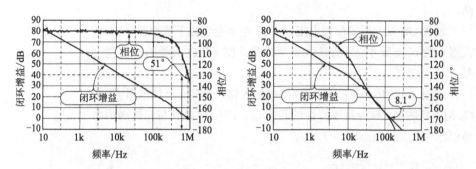

图 4.13 *I-V* 转换回路的频率特性

其次，再考虑一下 $R_F = 1M\Omega$（*I-V* 转换电路）的情况。LG_2 与 φ_2 同上。相位裕度很小只有 $\varphi_m = 8.1°$。由于在频率 f_p 处产生转折点，所以在 f_p 处的相位滞后 $45°$，相位裕度变小。当相位裕度为 $0°$ 时，电路变为正反馈，就发生振荡了。

42   *I-V* 转换电路中用相位补偿来防止振荡是必要的

在 *I-V* 转换的基本电路中，由于输入寄生电容使相位滞后，电路变得容易振荡，防止振荡的方法，称为相位补偿。

相位补偿有各种各样的方法，一般，简单有效的方法是进位补偿法，如图 4.14 所示，反馈电阻与电容 C_F 并联，图中 C_F 取 10pF。

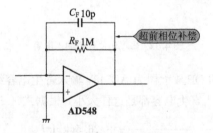

图 4.14 *I-V* 转换电路的相位补偿

让实验来确认一下其效果吧。参见图 4.15，这是相位补偿后的闭环增益 LG 和相角 φ 的测定结果。通过相位补偿，相位裕度 $\varphi_m = 69.9°$，表明大大地有所改善。

电容 C_F 有相位超前的作用，对转折点而言就是零点，而零点

的频率 f_Z 为：

$$f_Z = \frac{1}{2\pi \cdot C_F \cdot R_F} \qquad (4.6)$$

当 $C_F = 10\mathrm{pF}$ 时，$f_Z = 16\mathrm{kHz}$。

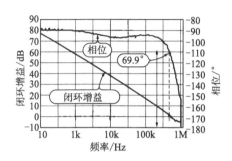

图 4.15 相位补偿后的 *I-V* 转换电路的频率特性

因此，相位滞后的 C_{IN} 与可以相位超前的 C_F 都可使电路稳定。故这种补偿方法称为相位超前补偿。在 *I-V* 转换电路中也是最有效的方法。

另外，实际的传感器也含有电容成分。这个值越大，则需要更大的 C_F。通常，根据 $C_{IN} < C_F$ 来选择 C_F 值。C_F 最好使用温度补偿型的陶瓷电容。

43 *I-V* 转换电路的输入保护电路

光电传感器等的 *I-V* 转换电路中，OP 放大器输入端势必露在外面，不加电路保护很令人不安。如有误电压加入，产生的电涌会使 OP 放大器损坏。作为预防，图 4.16 给出一例保护电路。

通常信号电流大时，按照图 4.16(a) 使用二极管作为保护电路。但是，由于二极管的内阻在 0V 附近很低，所以要特别注意会引起补偿误差增大。

图 4.17 是通用二极管 1S1588 的内阻与偏置电压如何变化的实验数据。加 1V 以上的反偏置时，内阻为 $1\mathrm{G\Omega}$，0V 附近仅为 $40\mathrm{M\Omega}$。若反馈电阻 R_f 为 $1\mathrm{G\Omega}$，则其增益为 $1\mathrm{G\Omega}/40~\mathrm{M\Omega} = 250$ 倍，OP 放大器的补偿电压也变为 250 倍。所以，图 4.16(a) 的保护电路中，推荐反馈电阻 R_f 取 $10\mathrm{M\Omega}$ 以下。

信号电流比较小的保护电路中，用 JFET 场效应管代替二极管，如图 4.16(b) 所示。仅仅将 JFET 场效应管的源极与漏极简单地连接起来。

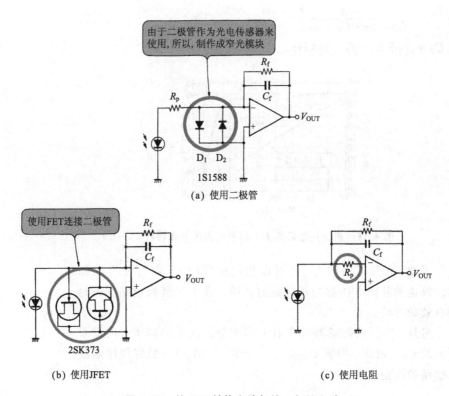

图 4.16 给 I-V 转换电路加输入保护电路

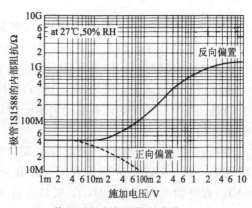

反向电压	30Vmax
反向电流	$0.5\mu Amax(V_R=30V)$
端间电容	$3pFmax(V_R=0V)$
正相电压	$1.3Vmax(I_F=100mA)$
平均整流电流	120mAmax

(a) 1S1588 的特性 　　(b) 偏置引起内部阻抗的变化

图 4.17 通用二极管 1S1588 的特性和偏置引起内阻的变化

表 4.3 给出常用的 JFET 2SK373GR 的参数。当加 80V 反向电压时，漏极电流为 1nA（最大），内阻约为 80 GΩ 以上。与 1S1588 相比大 1000 倍。但它经过了模块封装，比 1S1588 的感光要迟缓。所以，根据情况有必要进行遮光处理。

获取的信号为低频大电流时，最好的方法是按照图 4.16(c) 加电阻 R_P，该值取 10kΩ 以上，一般的应用是没有问题的。根据 OP 放大器的输入电容可以画出转折点，当然 R_P 值最好不要太大。

表 4.3　通用 JFET 2SK373GR 的特性

栅极夹断电流	1nAmax(V_R=80V)
栅极-漏极间压降	−100Vmin
正向导纳	4.6mS
输入电容	13pF
反馈电容	3pF

44　用低噪声同轴导线作为 *I-V* 转换电路的信号线

当放大从光电传感器等得到的微小电流信号时，通常要使用 *I-V* 转换电路，此时传感器与放大器的距离能够越短（数厘米）越好。但是，有时要达数米的距离。

这时候，有人在旁边步行，测量结果都会受影响；外面有汽车行走，会出现误动作。其原因是振动使传感器与放大器连接的导线相互摩擦，摩擦产生电荷（摩擦生电效应），并转化为电流噪声。

导线产生的噪声有点天方夜谭，但在微小信号电路中却是一个现实的问题。此时，可使用降低电流噪声的低噪声同轴导线。

表 4.4 列出了具有代表性的低噪声同轴导线。这种导线的特点是在内部绝缘体与外部导体之间设计了半导体层。与通常的同轴导线相比要减轻 1/10～1/100 的噪声。

它是非常有效的，推荐大家试一试。低噪声同轴导线的外观如照片 4.2 所示。

表 4.4 低噪声同轴导线的特性（润工公司）

（b）电气特性

型　号	噪声电荷[1] /pC	静电电容 /(Pf/m)	特性阻抗 /Ω	完成外形 /mm
DFL005	2	130	45	1.2
DFL010		85	60	1.5
DFL011		85	60	1.5
DFL020	(max)	85	60	2.0
DFL021		85	60	2.1
DFL030		75	70	2.3
DTL020	2 (max)	110	55	2.0
DTL030		80	70	2.3

1）加振幅 5mm，$f = 20$Hz 的振动，电缆内产生的噪声电荷

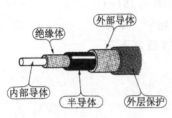

绝缘体　外部导体
内部导体　半导体　外层保护

（a）内部构造

照片 4.2 低噪声同轴导线的外观

45　$I\text{-}V$ 转换电路的噪声电压的计算方法

设计 $I\text{-}V$ 转换电路时，粗略地计算噪声电压是必要的。一般，反馈电路使用的电阻都很大。

噪声的计算方法如图 4.18 所示，由图可知，从以下三方面考虑噪声源：

① OP 放大器的噪声电压密度：$E_N(\text{nV}/\sqrt{\text{Hz}})$；

② 电压降等于电阻 R_f 与放大器的噪声电流密度之积：$E_f = I_N \cdot R_f$；

③ 电阻 R_f 的温度噪声：$E_R = \dfrac{\sqrt{R}}{8}(\text{nV}/\sqrt{\text{Hz}})$。

例如，使用 OP 放大器 AD711J，电阻 $R_f = 10\text{M}\Omega$，各噪声电压密度如图 4.18，为：

$$E_N = 18\ (\text{nV}/\sqrt{\text{Hz}})$$

$$E_I = 100\ (\text{nV}/\sqrt{\text{Hz}})$$

$$E_R = 400\ (\text{nV}/\sqrt{\text{Hz}})$$

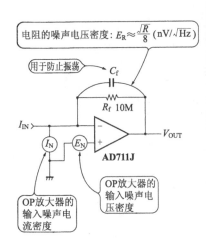

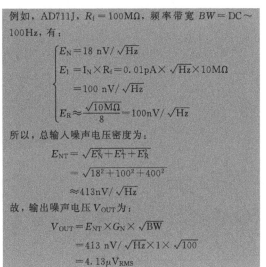

例如，AD711J，$R_f = 100\text{M}\Omega$，频率带宽 $BW = \text{DC} \sim 100\text{Hz}$，有：

$$\begin{cases} E_N = 18\ \text{nV}/\sqrt{\text{Hz}} \\ E_I = I_N \times R_f = 0.01\text{pA} \times \sqrt{\text{Hz}} \times 10\text{M}\Omega \\ \qquad = 100\ \text{nV}/\sqrt{\text{Hz}} \\ E_R \approx \dfrac{\sqrt{10\text{M}\Omega}}{8} = 100\text{nV}/\sqrt{\text{Hz}} \end{cases}$$

所以，总输入噪声电压密度为：

$$E_{NT} = \sqrt{E_N^2 + E_I^2 + E_R^2}$$
$$= \sqrt{18^2 + 100^2 + 400^2}$$
$$\approx 413\text{nV}/\sqrt{\text{Hz}}$$

故，输出噪声电压 V_{OUT} 为：

$$V_{OUT} = E_{NT} \times G_N \times \sqrt{BW}$$
$$= 413\ \text{nV}/\sqrt{\text{Hz}} \times 1 \times \sqrt{100}$$
$$= 4.13\mu V_{RMS}$$

图 4.18 *I-V* 转换器的噪声电压的求解方法

所以，总噪声为：

$$E_{NT} = \sqrt{E_N^2 + E_T^2 + E_R^2}$$
$$= \sqrt{18^2 + 100^2 + 400^2} = 413\ (\text{nV}/\sqrt{\text{Hz}})$$

这里，频率带宽 $BW = 100\text{Hz}$，输出噪声电压 V_{OUT} 为：

$$V_{OUT} = E_{NT} \times G_N \times \sqrt{BW}$$
$$= 413\ \text{nV}/\sqrt{\text{Hz}} \times 1 \times \sqrt{100\text{Hz}}$$
$$= 4.13\ (\mu V_{RMS})$$

以上说明，*I-V* 转换器的噪声取决于电阻 R_f 的大小。当然，R_f 大输出电压也大，R_f 小时，没有办法得到好的 S/N。为什么呢？R_f 的噪声 N 与 R_f 的根号的成正比，信号 S 与 R_f 成正比关系。所以，R_f 应仅可能的大，这非常重要。

一般的微小信号电路，频率带宽 BW 为 1kHz，再大就很少了。一般使用在 DC～10Hz 或 100Hz 的频域里，所以 *I-V* 转换器中放大器的噪声不会有什么大问题。传感器等漏电流引起直流补偿电压的改变，对 S/N 的影响更坏，远远超出这个噪声。

46 在 *I-V* 转换电路中反馈电阻 R_f 应尽可能的大

图 4.19 给出 *I-V* 转换电路，减小该电路的输入电流，必须增大反馈电阻。

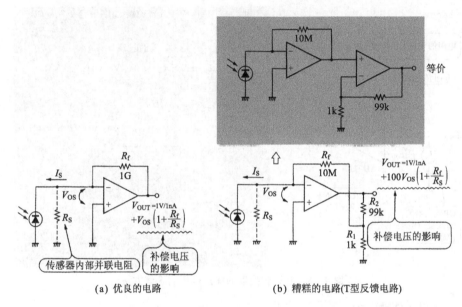

(a) 优良的电路   (b) 糟糕的电路(T型反馈电路)

图 4.19 T型反馈电路看似简单但不能使用

例如，假定 $R_f = 1\text{G}\Omega$，根据图 4.19(a) 有 1V/nA 的电流灵敏度。然而，1GΩ 的高阻值，价格也高，约为数百至数千日圆。

如图 4.19(b) 所示，为了使电路的 R_f 的阻值下降，采用了 T 型反馈电路。在图 4.19(b) 中，$R_f = 10\text{M}\Omega$ 时同样得到与图 4.19(a) 相同的电流灵敏度 1V/nA。10MΩ 电阻的价格便宜了 1 位数以上。"这是很好的电路"，请不要高兴的太早，它也有不足的地方。

实际上，图 (b) 的电路中，反馈电阻 $R_f = 10\text{M}\Omega$ 的 *I-V* 转换器与增益为 100 倍的反相放大器是等价的。也就是说，包括补偿电压，都放大了 100 倍，其 S/N 也变差了 100 倍。

所以，为了从 *I-V* 转换器直接得到输出，反馈电阻要尽可能的大。可以得到用金钱买不到的高性能电路。表 4.5 给出了用于计量的高电阻器。

表 4.5　*I-V* 转换器中使用的高精度高电阻器

型号	电阻值范围/MΩ	温度系数/(ppm/℃)	电阻精度/%	公司
TH60	1.1～10	100/200	1～5	TAISEI・OHM
GS1/4	0.5～100	100/200	1～5	多摩电气工业
HM1/4	0.5～4000	300～800	1～5	理研电具制造
RH1/4	0.01～1000	25～200	0.1～10	JAPAN HYDRAZINE
RNX1/4	1k～100	200	0.1～10	日本 VISHAY

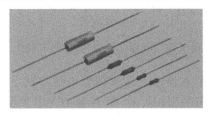

〈高精度高电阻器的外观(JAPAN HYDRAZINE(株))〉

47　使用高精度 OP 放大器的 *I-V* 转换电路

基本的 *I-V* 转换电路如图 4.20 所示，这个电路的输出电压 V_{OUT} 为：

$$V_{OUT} = -I_S \cdot R_F \tag{4.7}$$

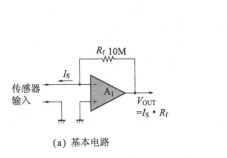

(a) 基本电路

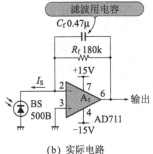

(b) 实际电路

图 4.20　光电传感器在 *I-V* 转换电路中的实际应用

具体地，测定光电二极管的光电转换电流的照度计，如图 4.20(b) 所示。假设使用的光电二极管(传感器)为 BS500B，由图 4.21 可知，这个传感器的灵敏度为 $0.55\mu A/100lx$，当 $R_f = 180k\Omega$ 时输出为 $1mV/lx$。

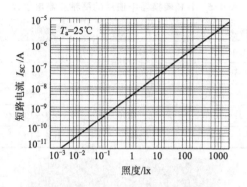

图 4.21 光电二极管 BS500B 的特性

对应的 OP 放大器应为输入偏置电流小的 FET 输入型放大器，当光电传感器的面积大时，传感器的内阻变小，所以，使用补偿电压小的 OP 放大器是必要的。OP 放大器加一个调零装置当然好，但若能达到无调整则可以提高可靠性。

传感器的输入有 50ch 和 100ch，多信号处理的场合特别要这样。此时与使用 FET 输入型 OP 放大器相比，推荐使用低输入偏置电流的高精度 OP 放大器。

表 4.6 给出了低输入电流的高精度 OP 放大器的特性。OP97F 的输入偏置电流为 30pA（典型值）左右，传感器的电流希望在 nA 级信号。其输入补偿电压非常小，30μV（典型值）。

表 4.6　低输入电流的高精度 OP 放大器的示例

型　号	电路数	输入补偿电压 /(mV)		温漂 /(μV/℃)		输入偏置电流 /A		GB积 /MHz	转换速率 /(V/μs)	工作电压 /V	工作电流 /mA	公司
		典型	最大	典型	最大	典型	最大	典型	典型			
AD705J	1	0.03	0.09	0.2	1.2	60p	150p	0.8	0.15	±2—18	0.38	AD
OP97F	1	0.03	0.075	0.3	2	30p	150p	0.9	0.15	±2.5—20	0.4	AD

另外，由于 OP97F 可以工作在 ±2V（环境温度 25℃），电源电流很小，约为 400μA，所以，可以应用于以电池作电源的 I-V 转换电路。补偿电压小，可省略调零电路，确实非常便利。

一般情况，I-V 转换电路等价于微小电流电路，也等价于 FET 输入型 OP 放大器，特殊用途时，使用高精度 OP 放大器是有它长处的。

48　对于微小电流电路要注意并消除静电噪声

　　微小电流电路中，要处理 μA 级以下电流的话，输入电阻要为 1MΩ 或 1GΩ，这是非常大的值。在实际制作时应注意外来噪声，特别是静电噪声。在这里介绍一下电荷放大器的干扰噪声的消除对策。

　　电源电路的普通噪声通常被称为"交流声"。交流声是由电磁转换产生的噪声，音频等使用的微小信号放大器尤其易于发生。多数原因是从线圈漏出 50Hz 或 60Hz 的漏磁，会在高增益放大器的输入端泄漏并生成电动势。微小电流电路没有电磁转换，但会通过静电放电而产生噪声。

　　图 4.22 是电荷放大电路的实例。为了使记录仪等能够记录，设置了简单的峰值保持电路。所谓的峰值保持电路如图 4.23 所示，是把从传感器输入的脉冲峰值保持在一个直流水平，如果长时间保持一个水平，就抓不到下一个脉冲，实际中设定一个时间常数使其衰减。时间常数由 1 秒钟内输入的脉冲数来决定，这个实例是因为脉冲频率低，为数脉冲/秒，考虑到记录仪的响应，设定为 0.1 秒。

　　图 4.22 电路没有多大难处，装入机箱对其特性进行测量，结果如何？虽然输入未接传感器，峰值保持的输出却如图 4.24 所示。开始还以为是输入接头打开的原因，把输入接头盖上无任何效果。

　　使用示波器的同步模式，设定 LINE（AC50/60Hz 的同步模式）看一看，可以清楚地判断为同步，所以说是电源的原因。把传感器输入端与接头拆开，将其靠近电源电路，很明显噪声变大。整流电路中使用的二极管每次开闭时商用频率（50Hz 或 60Hz）的噪声就会放入空中，传到传感器输入端。

　　串联稳压器中的整流二极管每次开闭，平滑用的电容流过很大的电流。此例中电源与电荷放大器置于同一机箱，传感器输入端与接头之间是用一般的电线进行连接的。

　　原因清楚了，对策就比较简单了。使用屏蔽的方法消除静电放电产生的噪声是很有效的。

　　例如，如图 4.25(a)，在电源电路与传感器输入端之间插入铝板或铜板，便可解决问题。该例中插入了屏蔽板，噪声值变得

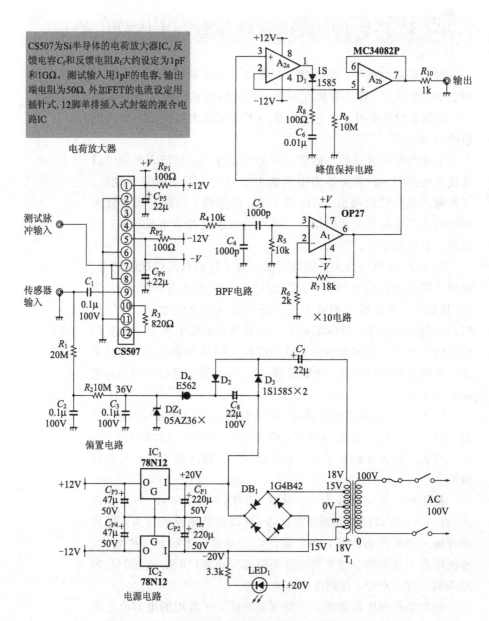

CS507为Si半导体的电荷放大器IC, 反馈电容C_F和反馈电阻R_F大约设定为1pF和1GΩ。测试输入用1pF的电容, 输出端电阻为50Ω, 外加FET的电流设定用插针式, 12脚单排插入式封装的混合电路IC

电荷放大器

MC34082P

峰值保持电路

BPF电路

×10电路

偏置电路

电源电路

图 4.22 附加峰值保持电路的电荷放大器的构成

很小, 完全没有问题(屏蔽板要接地)。

还有一个方法, 在放大器输入端与接头之间配置屏蔽线。如图 4.25(b)所示, 尽可能缩小未屏蔽部分。

还有为了完全消除噪声, 也可将电源电路外接, 就不会有噪声的烦恼了。

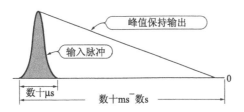

图 4.23 峰值保持电路的目的

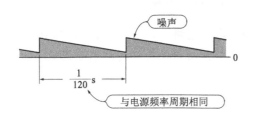

图 4.24 输出波形含有噪声

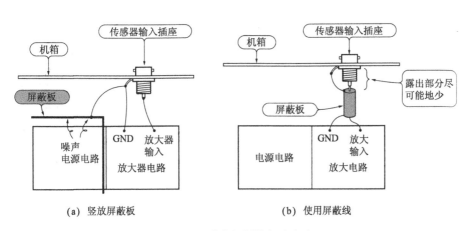

(a) 竖放屏蔽板   (b) 使用屏蔽线

图 4.25 噪声问题的解决方法

    再介绍一个静电屏蔽的例子。取代前述峰值保持电路,换上给传感器加偏置电压的数字表,注意此时的数字表辐射噪声。数字表内有 A-D 转换器,有时还有 CPU 等数字电路。因此,像开关噪声这样的高频噪声会大量辐射到空中。

    此时可用屏蔽的方法来除去噪声。如图 4.26 所示,用屏蔽板将数字表完全封闭起来，可以使噪声变得很小，完全没有问题。如果噪声较小，只用屏蔽板就会有很好的效果。

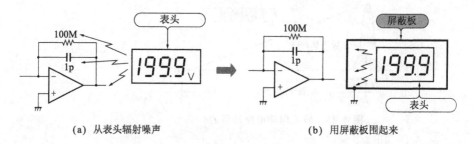

(a) 从表头辐射噪声　　　　　　　　　　(b) 用屏蔽板围起来

图 4.26　屏蔽的效果

总之，微小电流电路中，很容易发生由静电放电产生的噪声，但多数场合是可以用屏蔽的方法对其消除或减轻的。

第 5 章
低噪声 OP 放大器的应用技巧

低噪声电路应注意噪声频率特性

第 3 章介绍了高精度 OP 放大器,尤其以放大直流附近的信号为目的,所以低频噪声即 0.1～10Hz 之间的噪声要小,这一点很重要。但是,不同的传感器或其他类型的信号,从低频到视频波段也要求小的噪声。此时使用的 OP 放大器称为低噪声 OP 放大器。

以前的低噪声 OP 放大器,以 OP27 和 OP37 为代表(OP27 和 OP37 的相位补偿少,使用增益为 5 倍以上),如表 5.1 所示。输入噪声密度为 $3.2nV/\sqrt{Hz}$,在初上市时,十分震撼,最近的 OP 放大器可以达到 $1nV/\sqrt{Hz}$,如表 5.2 所示,又有了很大进步。

表 5.1 以前的低噪声 OP 放大器

型 号	电路数	输入补偿电压 /mV		温漂 /(μV/℃)		输入偏置电流 /A		GB 积 /MHz	转换速率 /(V/μs)	工作电压 /V	工作电流 /mA	公司	输入噪声密度 /(nV/√Hz) @1kHz
		典型	最大	典型	最大	典型	最大	典型	典型				
OP27G	1	0.03	0.1	0.4	1.8	15n		8	2.8	±4—18	3	AD	3.2
OP37G	1	0.03	0.1	0.4	1.8	15n		63	17	±4—18	3	AD	3.2

低噪声 OP 放大器的新产品不太多,表 5.2 给出一些具有代表性的 OP 放大器。

开发出用于音频的 LT1028,其输入噪声密度为 $1nV/\sqrt{Hz}$ 的 OP 放大器尤为引人注目。但是,当一看到 OP 放大器的产品手册,就见到了如图 5.1 所示的达到 1kHz 的噪声特性。与实际的噪声测定相比,如图 5.2 所示,在高频(10kHz 以上)的噪声很大。

表 5.2 最近的低噪声 OP 放大器

（a）双极输入型

型 号	电路数	输入补偿电压 /mV		温漂 /(μV/℃)		输入偏置电流 /A		GB 积 /MHz	转换速率 /(V/μs)	工作电压 /V	工作电流 /mA	公司特征	输入噪声密度 /(nV/√Hz) @1kHz
		典型	最大	典型	最大	典型	最大	典型	典型				
AD797A	1	0.025	0.08	0.2	1	250n		110	20	±5—18	8.2	AD	0.9
AD829J	1	0.2	1	0.3		3.3μ		750	230	±4.5—18	5.3	AD	2
LT1028C	1	0.02	0.08	0.2	1	30n		75	15	±4.5—18	7.6	LT	0.9
CLC425	1	0.1	0.8	2	8	12μ		1700	350	±5	15	CL	1.05

（b）FET 输入

型 号	电路数	输入补偿电压 /mV		温漂 /(μV/℃)		输入偏置电流 /A		GB 积 /MHz	转换速率 /(V/μs)	工作电压 /V	工作电流 /mA	公司特征	输入噪声密度 /(nV/√Hz) @1kHz
		典型	最大	典型	最大	典型	最大	典型	典型				
AD743J	1	0.25	1	2		150p		4.5	2.8	±4.8—18	8.1	AD	29
AD745J	1	0.25	1	2		150p		20	12.5	±4.8—18	8	AD	2.9
OPA627A	1	0.13	0.25	1.2	2	2p		16	55	±4.8—18	7	BB	4.8
OPA637A	1	0.13	25	1.2	2	2p		80	135	±4.8—18	7	BB	4.8

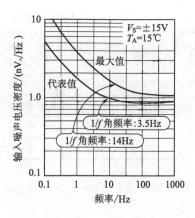

图 5.1 具有代表性的低噪声 OP 放大器 LT1028 的噪声特性

这种现象不仅仅限于 LT1028，测定其他的 OP 放大器，几乎所有的 OP 放大器的噪声在高频都有增加。这说明 LT1028 在音频带内是可以使用的低噪声 OP 放大器。

　　宽带的噪声特性，规范了 OP 放大器 AD797A。AD797A 记载了 10Hz～10MHz 的噪声特性。图 5.2 给出了 AD797A 的噪声特性，并且可以看出在宽带域内保持了低噪声特性。另外，低噪声 OP 放大器的增益带宽积为 110MHz，是可以使用直流的放大器。

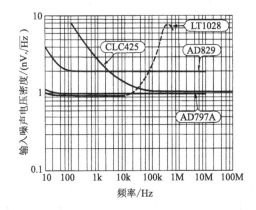

图 5.2　低噪声 OP 放大器的噪声特性的扩大的频域

　　AD829D 的噪声稍微有些大，约为 $2nV/\sqrt{Hz}$，所以，增益带宽积很大，约为 750MHz。因此，增益为 20 以下，必须进行外部相位补偿（对象是高增益）。

　　JFET 输入型放大器也开始上市。图 5.3 给出了 AD745 的噪声特性。与双极输入型相比，$2.9nV/\sqrt{Hz}$（10kHz）稍显大了，作为 JFET 输入型应该是十分小的值了。

　　OPA627/OPA637 为 OP27/OP37 的 JEFT 版。OP627 使用

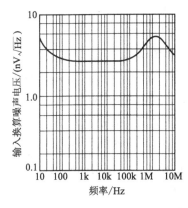

图 5.3　低噪声 OP 放大器 AD745 的噪声特性

在线性增益上，OP637 则使用 5 倍以上的增益。增益带宽积也大，分别为 10MHz，80MHz。

因为 MOS FET 输入型的 $1/f$ 噪声较大，所以现在还不知道市场上有没有相关产品。

50　噪声电压的计算重点是决定阻值的参量

制作低噪声放大器时，先粗略地计算电路的噪声电压是重要的。

OP 放大器电路的噪声电压的计算方法，如图 5.4 所示。OP 放大器的宽频带噪声被称为噪声密度，用每 1Hz 的噪声电压来表示。总之，计算完所有输入噪声密度后再乘上频率和增益。

图 5.4 给出了三个噪声产生源：

① OP 放大器的噪声密度：$E_N(\text{nV}/\sqrt{\text{Hz}})$；

② 电阻与 OP 放大器的电流的积的电压降：$E_I = I_N \times R$；

③ 电阻 R 的热噪声：$E_R = \sqrt{R}/8(\text{nV}/\sqrt{\text{Hz}})$。

如果要求得这三个噪声电压的话，就可求得总输入噪声电压密度 E_{NT}：

$$E_{NT} = \sqrt{E_N^2 + E_I^2 + E_R^2} \tag{5.1}$$

例如，图 5.4 中例 1，使用 OP 放大器 LT1028，$R_1 = 1\text{k}\Omega$，$R_2 = 100\text{k}\Omega$，构成 100 倍的增益。根据图 5.4，放大器的各噪声密度为：

$$E_N = 0.9\ \text{nV}/\sqrt{\text{Hz}}$$

$$E_I = 1\text{nV}/\sqrt{\text{Hz}}$$

$$E_R = 4\text{nV}/\sqrt{\text{Hz}}$$

代入式(5.1)，总噪声密度为：

$$E_{NT} = \sqrt{0.9^2 + 1^2 + 4^2} = 4.2\ \text{nV}/\sqrt{\text{Hz}} \tag{5.2}$$

频率带宽 BW = 1kHz，输出噪声电压 V_{OUT} 为：

$$V_{OUT} = E_{NT} \times G_N \times \sqrt{\text{BW}}$$

$$= 4.2 \times 101 \times \sqrt{1000} = 13(\mu V_{RMS})$$

所以，图 5.4 的例 2 中，使用同样的 OP 放大器，$R_1 = 100\Omega$，$R_2 = 10\text{k}\Omega$，输出噪声电压为 $4.9\mu V_{RMS}$。怎么还不到刚才计算值的 1/2，这个差是如何发生的呢？

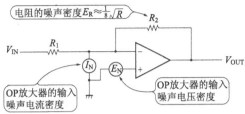

OP放大器的宽带噪声密度就是1Hz带宽的噪声,有效值的求法是,首先计算输入噪声密度,然后与频率和增益相乘,最后计算各噪声的总和

简单的噪声模型

【例1】 LT1028,令 $R_1=1\text{k}\Omega$,$R_2=100\text{k}\Omega$,频率带宽 $BW=\text{DC}\sim1000\text{Hz}$,有:

$$\begin{cases} E_\text{N}\approx0.9\ \text{nV}/\sqrt{\text{Hz}} \\ E_\text{I}=I_\text{N}(R_1/\!/R_2)\approx1\text{pA}/\sqrt{\text{Hz}}\times1\text{k}\Omega=1\text{nV}/\sqrt{\text{Hz}} \\ E_\text{R}\approx\dfrac{1}{8}\sqrt{(R_1/\!/R_2)}\approx\dfrac{1}{8}\sqrt{1000\Omega}=4\text{nV}/\sqrt{\text{Hz}} \end{cases}$$

所以,$E_\text{NT}=\sqrt{E_\text{N}^2+E_\text{I}^2+E_\text{R}^2}$

$\qquad\qquad=\sqrt{0.9^2+1^2+4^2}$

$\qquad\qquad\approx4.2\text{nV}/\sqrt{\text{Hz}}$

故,输出噪声电压 V_OUT 为:

$\qquad V_\text{OUT}=E_\text{NT}\times G_\text{N}\times\sqrt{BW}$

$\qquad\qquad\quad=4.2\ \text{nV}/\sqrt{\text{Hz}}\times101\times\sqrt{1000\text{Hz}}$

$\qquad\qquad\quad\approx13\mu\text{V}_\text{RMS}$

【例2】 令 $R_1=100\Omega$,$R_2=10\text{k}\Omega$,有:

$$\begin{cases} E_\text{N}\approx0.9\ \text{nV}/\sqrt{\text{Hz}} \\ E_\text{I}=1\text{pA}/\sqrt{\text{Hz}}\times100\Omega=0.1\text{nV}/\sqrt{\text{Hz}} \\ E_\text{R}\approx\dfrac{1}{8}\sqrt{100\Omega}=1.25\text{nV}/\sqrt{\text{Hz}} \\ E_\text{NT}=\sqrt{0.9^2+0.1^2+1.25^2} \\ \qquad\quad\approx1.54\ \text{nV}/\sqrt{\text{Hz}} \end{cases}$$

所以,输出噪声电压 V_OUT 为:

$\qquad V_\text{OUT}=1.54\ \text{nV}/\sqrt{\text{Hz}}\times101\times\sqrt{1000\text{Hz}}$

$\qquad\qquad\quad\approx4.9\mu\text{V}_\text{RMS}$

图5.4　OP放大器的噪声电压的求解方法

如果考虑到 OP 放大器噪声密度的话就容易理解了。即
LT1028 的 E_N 等于 $0.9\ \text{nV}/\sqrt{\text{Hz}}$。容易理解,这是等价于噪声的
电阻(称为等价噪声电阻),因 $E_\text{R}=\sqrt{R}/8$,求得 $R=52\Omega$。另外,
根据式(5.1),总噪声电压为各噪声的平方和的开方,一个噪声大
而其他噪声小,总噪声也不会小。

例(1)的情况，由于 R_1 的电阻值 1kΩ 与 OP 放大器的等价噪声电阻 52Ω 相比非常大，因此总噪声电压主要受电阻 R_1 的噪声压降的影响。

例(2)，因 R_1 很小，100Ω，综合指标变好。总噪声电压变小。

但是，不能说充分发挥了 LT1028 的低噪声特性。如果 LT1028 的低噪声特性真的很好发挥的话，R_1 应该是 50Ω 以下（这样的应用真的很稀少）。

如上所述，周围元件和 OP 放大器都充分地针对噪声，就能够设计出性价比高的电路。

51 通过阻抗中的电阻成分来计算并联 RC 电路的噪声

参见图 5.5，图 5.5(a)为 I-V 转换电路，图 5.5(b)为充电放大电路。两个电路的反馈电路中不论哪个都有并联 RC 电路，如何计算这种电路的噪声呢？

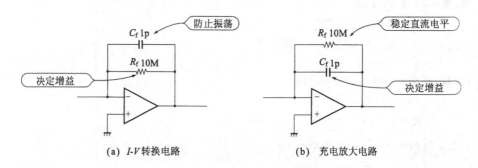

(a) I-V 转换电路   (b) 充电放大电路

图 5.5 RC 复合电路噪声的计算

通常，电容不会产生噪声。噪声只来自于电阻成分，RC 电路中，通过 RC 阻抗中的电阻成分来计算。并联 RC 电路的阻抗 Z 为：

$$Z = 1/[(1/R)+j\omega C]$$
$$= R/(1+j\omega CR)$$
$$= R/[1+(\omega CR)^2]-j\omega CR^2/[1+(\omega CR)^2] \qquad (5.3)$$

式(5.3)的实部为电阻成分。所以，并联 RC 电路的等价电阻 R_X 为：

$$R_X = R/[1+(\omega CR)^2] \qquad (5.4)$$

图 5.6 给出了当 $C=1\text{pF}$，$R=10\text{M}\Omega$ 时，R_x 的频率特性。直流时电容的阻抗为 ∞，很容易想到 $R_x=10\text{M}\Omega$。

$$f_c = 1/2\pi CR \tag{5.5}$$
$$= 16\text{kHz}$$

时，根据式 (5.5)，计算 $R_x=5\text{M}\Omega$，是直流的一半。所以，频率越高，R_x 越小。由图可知，电容 C 越大噪声越小。同时，信号频带变窄。C 的大小取决于信号的频带。

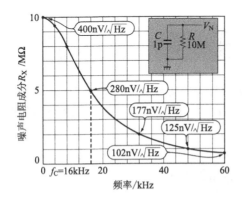

图 5.6 1pF 与 10MΩ 并联的噪声特性

所以，充电放大电路要注意数十 kHz 以上的频率。图 5.7 给出了 $C=1\text{pF}$，$R=100\text{M}\Omega$ 时的噪声特性。与图 5.6 相比直流附近的噪声大约为 $\sqrt{10}=3.16$ 倍。直流时 $R_x=100\text{M}\Omega$。

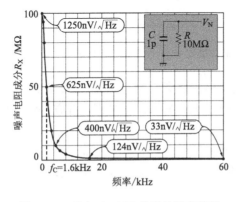

图 5.7 1pF 与 100MΩ 并联的噪声特性

重要的是 20kHz 以上的频率。例如，图 5.6 中 60Hz 时的噪声密度为 $102\text{nV}/\sqrt{\text{Hz}}$，而图 5.7 反而变小为 $33\text{nV}/\sqrt{\text{Hz}}$。所以说，充电放大器的反馈电阻 R_f 如果大的话，S/N 变得要好些。因此，有点像是不遂人意，R_f 的阻值很高，通常在 $1\text{G}\Omega$ 或 $1\text{T}\Omega$。

最理想的是光反馈型，是一种没有反馈电阻的充电放大器电路。谁都能想像出会有一定程度的饱和，当快要饱和时就使 FET 输入部分复位到初始状态。复位期间电路是无信号的，可以得到更高的 S/N。

52 用并联接法来减小噪声

当我们希望放大器得到最小噪声的时候，如图 5.8 所示，可采用晶体管或 FET 并联的方法。例如，N 个晶体管并联后噪声电压变小为 $1/\sqrt{N}$。

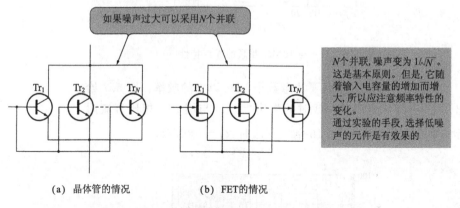

如果噪声过大可以采用 N 个并联

N 个并联，噪声变为 $1/\sqrt{N}$。这是基本原则。但是，它随着输入电容量的增加而增大，所以应注意频率特性的变化。
通过实验的手段，选择低噪声的元件是有效果的

(a) 晶体管的情况　　(b) FET的情况

图 5.8 采用晶体管或 FET 并联的方法形成低噪声化

FET 同样，但应注意它们有与 N 个晶体管同样的噪声。如果 N 个中有一个大的，则噪声的平方再开方，会引起其更大的噪音。

相反，N 个中仅有一个小噪声的话，只用 1 个的效果远比采用 N 个并联的方法好。图上的方法中有必要对噪声进行选择，请记住。

另外，OP 放大器并联连接，就不像晶体管和 FET 那样简单。图 5.9 给出一个加法电路。

作者有了前端并联 2、3 个 FET 的充电放大电路的经验。图

5.10 给出低噪声的充电放大电路。用 2 个 FET 并联时 S/N 为 $\sqrt{2}=1.4$。由于 FET 的输入量增加 2 倍,所以,传感器的电容大时才有效果。在这个例子中,传感器的电容很大,达到 1000pF,FET 选用了 2SK190($C_{in}=75$pF)。

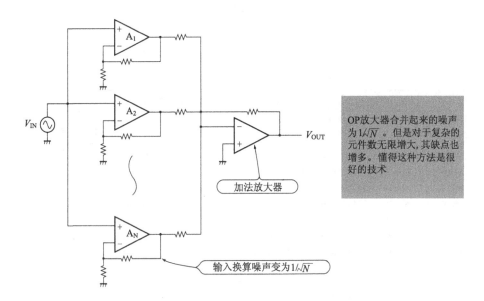

OP 放大器合并起来的噪声为 $1/\sqrt{N}$。但是对于复杂的元件数无限增大,其缺点也增多。懂得这种方法是很好的技术

图 5.9 OP 放大器并联时合并起来计算是必要的

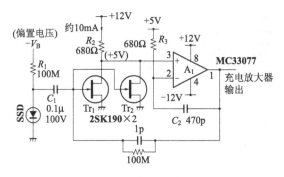

图 5.10 低噪声充电放大电路

另外,根据作者的经验,要求低噪声特性的用途很少,噪声元件通常是通过特别挑选(由厂商来选择的例子也是有的)。

53 在低噪声电路中低噪声器件是很有用的

仅仅 OP 放大器的性能就有很多不符合低噪声电路的要求，但可以借助低噪声 FET 或低噪声晶体管使低噪声电路变的更好。

表 5.3 为低噪声 FET 的示例。FET 有很多种，除了超过 10MHz 频率以上的 FET 以外，按以下要领，还是很容易找到的。

表 5.3 低噪声 N 沟 JFET 的特性

型 号	I_{DSS}/mA	g_m/mS	C_{iss}/pF	C_{rss}/pF	$V_n/(nV/\sqrt{Hz})$	公 司
2SK152	9.5～42	30(21min)	9max	2	1.2(10mA)	索尼
2SK300	9.5～42	30(21min)	7.2	2	1.2(10mA)	
2SK186	1.6～12	12(8min)	20	3.7	1.3(3mA)	日立
2SK187	25～20	21(18min)	41	8	1.2(3mA)	
2SK190	6～50	45(37min)	75	—	0.75(6mA)	
2SK290	6～50	45(25min)	8.5	—	1.2(5mA)	
2SK431	2.5～20	21(18min)	28	5.6	1.0(3mA)	
2SK541	14～42	25(18min)	4	—	1.2(10mA)	
2SK980	8～32	33(28min)	4(5max)	3		
2SK1326	6～20	22(18min)	3(3.5max)	1		
2SK147	5～30	40(30min)	75	15	0.75(10mA)	东芝
2SK170	2.6～20	22	30	6	0.95(1mA)	
2SK369	5～30	40(25min)	75	15	0.75(10mA)	
2SK370	2.6～20	22(8min)	30	6	0.95(1mA)	
2SK371	5～30	40(25min)	75	15	0.75(10mA)	
2SK709	6～32	25(15min)	7.5(10max)	2(3max)	0.95(1mA)	
2SK1216	9.2～14	22(20min)	3.9(4max)	1		松下电子
2SK316	5～24	(15min)	(5max)	1		
2SK149	8～32	30	7.5	2		日本电气
NF5102	4～20	(7.5min)	(12max)	(4max)		Inter FET 社
NF5103	10～40	(7.5min)	(12max)	(4max)		
NF6453	15～50	20—40	(25max)	(5max)		

暂且不考虑 MOS FET，虽然 MOS FET 的频率特性好，但 1/f 噪声大还是不使用为好。

JFET 的 1/f 噪声的角频率为 100Hz～1kHz 左右，MOS FET 为 10k～1MHz。另外低噪声的 JFET 在市场贩卖的很多，$1nV/\sqrt{Hz}$ 以下的很容易得到。

一般 gm 高并且 I_{DSS} 大的 FET 为低噪声。如图 5.11 所示，FET 的等价噪声电阻 R_{FET} 为：

$$R_{\mathrm{FET}} \approx \frac{1}{gm} \qquad\qquad\qquad (5.6)$$

照片 5.1 给出低噪声 FET 的外观。

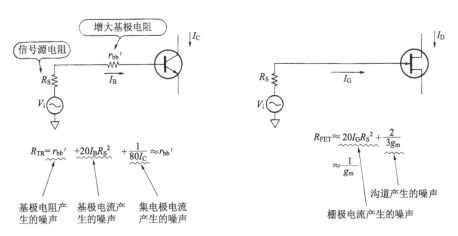

图 5.11 FET 和晶体管的等价噪声电阻

(a) 低噪声FET的外观

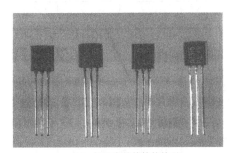

(b) 低噪声晶体管的外观

照片 5.1 低噪声 FET 和低噪声晶体管

低噪声晶体管比起 JFET 的种类要齐全。表 5.4 列出了低噪声晶体管的示例。晶体管比 FET 的噪声密度小，由于基极有电流，故输入电阻大时就要考虑基极电流引起的噪声。

根据图 5.11，晶体管的等价噪声电阻 R_{TR} 为：

$$R_{\mathrm{TR}} \approx r_{\mathrm{bb'}} \qquad\qquad\qquad (5.7)$$

表 5.4 低噪声晶体管的特性

（a）NPN 型

型 号	h_{FE}	f_T/MHz	rbb'/Ω	V_n（或 NF）	公司	备 注
2SC732TM	200～700	150(1mA)	-	0.2dB(3max)	东芝	与 2SA1015L 互补
2SC1815L	70～700	80min(1mA)	50	0.2dB(3max)	东芝	与 2SA1048L 互补
2SC2458L	70～700	80min(1mA)	-	0.2dB(3max)	东芝	与 2SA1312 互补
2SC3324	200～700	100(1mA)	-	0.2dB(3max)	东芝	与 2SA1316 互补
2SC3329	200～700	42(1mA)	2	0.6 nV/$\sqrt{Hz}$	东芝	
2CC2545 2SC2546 2SC2547	250～1200	90(2mA)	-	0.5 nV/$\sqrt{Hz}$max	日立	与 2SA1018/1085 /1091 互补

NF：R＝10kΩ，f＝1kHz，I_E＝0.1mA 的值

（b）PNP 型

型 号	h_{FE}	f_T/MHz	$r_{bb'}$/Ω	V_n（或 NF）	公司	备 注
2SC1015L	70～400	80min(1mA)	30	0.2dB(3max)	东芝	
2SC1048L	70～400	80min(1mA)	-	0.2dB(3max)	东芝	贴片
2SC1312	200～700	100(1mA)	-	0.2dB(3max)	东芝	
2SC1316	200～700	50(1mA)	2.0	0.6 nV/$\sqrt{Hz}$	东芝	
2SA1083 2SA1084 2SA1085	250～800	90(2mA)		0.5 nV/$\sqrt{Hz}$	日立	集电极电压 2SA1083＝60Vmax 2SA1084＝90Vmax 2SA1085＝120Vmax
2SA1119 2SA1191	250～800	130(10mA)		1.5dB max	日立	集电极电压 2SA1119＝90Vmax 2SA1191＝120Vmax
2SA1299	150～800	200(10mA)		0.5dB	三菱	
2SA999L	150～800	200(10mA)		0.5dB	三菱	

NF：R＝10kΩ，f＝1kHz，I_E＝0.1mA 的值

━━━━━ 专栏 ━━━━━

噪声的 RMS 与峰值的关系

通常，噪声的大小用 RMS 值（有效值）来记录。实验时多采用示波器来观察，可以十分方便地了解噪声的 RMS 值与峰-峰值的关系。

根据图 A 所示，RMS 值为峰-峰值的 6.6 倍，大概有 0.1％的概率（噪声超过峰值的时间％）。换言之，从示波器读取噪声的峰-峰值，除以 6.6 就得噪声的有效值。

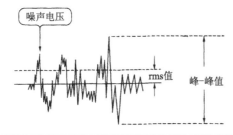

峰-峰值	噪声超过峰值的时间%
2×rms	32
3×rms	13
4×rms	4.6
5×rms	1.2
6×rms	0.27
6.6×rms	0.1
7×rms	0.046
8×rms	0.006

图 A 噪声的 RMS 与峰值的关系

第 6 章
高速 OP 放大器的应用技巧

54 高速 OP 放大器的结构

通用 OP 放大器和高速 OP 放大器的最大差别是制造工艺。通用 OP 放大器的增益带宽积也就是数 MHz，但最新的高速 OP 放大器增益带宽积可达 1GHz。

OP 放大器的内部电路由通常的 NPN 和 PNP 晶体管构成。例如，IC 内部用 PNP 晶体管制作，采用普通 OP 放大器的工艺流程，也只能做到电流放大系数 h_{FE} 约为 10 左右，增益变为 1，特征频率 f_T 仅为 1MHz。与 NPN 的特征频率 f_T＞100Hz 相比，差的太多。是不能制作出频率特性良好的 OP 放大器。

为了制造高速 OP 放大器，必须有高 f_T 的 PNP 晶体管的制造技术。为了制作高性能 PNP 晶体管，就要开发新的工艺技术。例如，哈里斯半导体公司的 DI(导电体分离)技术，模拟器件公司的 CB(互补双极型)技术，国家半导体公司的 VIP(垂直集成PNP)技术。

根据高速化技术，用 PNP 晶体管制作的 IC 芯片，f_T 可超过数百 MHz。与通用 OP 放大器相比价格要高，其频带比通用 OP 放大器大 10～100 倍。

由于制作 PNP 晶体管的 h_{FE} 很大，如图 6.1 所示，只用了一级放大(从前，要用二，三级放大)。所以，频率特性变得简洁，相位补偿非常容易。这是高速 OP 放大器最大的优点。

电路技术的进步从来就没有间断过，图 6.2 给出了各种 OP 放大器的输出的结构。图 6.2(a)为通用 OP 放大器的输出电路，用通用 OP 放大器的制造工艺制作的 PNP 晶体管性能很差，f_T 和 h_{FE} 都小，只能应用于低频。

图 6.2(b)是开发新工艺的过渡产品，其并没有使用 PNP 晶

体管，而只使用了 NPN 晶体管制作。

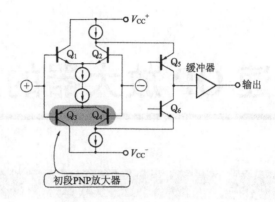

图 6.1 高速 OP 放大器的等价电路图例（HA2540）

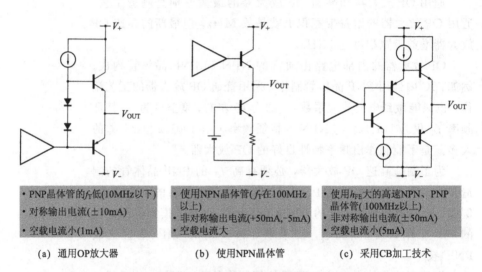

• PNP晶体管的f_T低(10MHz以下) • 对称输出电流(±10mA) • 空载电流小(1mA)	• 使用NPN晶体管(f_T在100MHz 以上) • 非对称输出电流(+50mA,−5mA) • 空载电流大	• 使用h_{FE}大的高速NPN、PNP 晶体管(100MHz以上) • 非对称输出电流(±50mA) • 空载电流小(5mA)
(a) 通用OP放大器	(b) 使用NPN晶体管	(c) 采用CB加工技术

图 6.2 OP 放大器的不同输出电路

所以，与最近的高速 OP 放大器相比使用不方便。

图 6.2(c)给出了最近的加工技术制作出的输出电路。由于使用了高速 PNP 晶体管，所以高速 OP 放大器的使用非常方便。但是，应注意的是，最近技术制作的高速 OP 放大器虽然易于使用，频率特性也好，但电源电压低，为±5V。

如今是低电压工作为主导的时代，电源电压过低也没什么不好。过去有要求使用±12V 的，也有要求使用±15V 的，但很难实现。这时，可以使用 AD812 这样的高速 OP 放大器，它的存在至今也是具有重要的意义的。表 6.1 给出了主要的高速 OP 放大器的性能参数。

表 6.1　高速 OP 放大器的性能参数

型　号	电路数	输入补偿电压/mV		NI 输入偏置电流/A		INV 输入偏置电流/A		f_3/MHz	转换速率/(V/μs)	工作电压/V	工作电流/mA	公司	特征	温漂/(μV/℃)
		典型	最大	典型	最大	典型	最大	典型	典型					典型
AD8047A	1	1	3	1μ	3.5μ			250	750	±3.0-6	5.8	AD		5
AD8005A	1	5	30	0.5μ	1μ	5μ	10μ	270	280	±4.0-6	0.4	AD	IF	40
AD8011A	1	2	5	5μ	15μ	5μ	15μ	400	3500	±1.5-6	1	AD	IF	10
AD812A	2	2	5	0.3μ	1μ	7μ	20μ	145	1600	±1.2-18	9	AD	IF	15
MAX4112	1	1	8	3.5μ	20μ	3.5μ	20μ	400	1200	±5.0	5	MA	IF	10
MAX4100	1	1	8	3μ	9μ			500	250	±5.0	5	MA		15
LM6182	2	2	5	0.75μ	3μ	5μ	10μ	100	2000	±4.0-16	15	NS	IF	5
EL2280C	2	2.5	15	1.5μ	15μ	16μ	30μ	250	1200	±1.5-6	6	EL	IF	5
EL2175C	1	1	3	2.5μ	6μ	2μ	7μ	120	1000	±4.5-16.5	8.5	EL	IF	2
EL2270C	2	2.5	8	0.5μ	5μ	4μ	10μ	70	800	±1.5-6	2	EL	IF	5
OPA648	1	2	6	12μ	65μ	20μ	65μ	1000	1200	±4.5-5.5	13	BB	IF	10
OPA646	1	3	8	2μ	5μ			650	180	±4.5-5.5	5.25	BB		20
OPA620	1	0.2	1	15μ	30μ			300	250	±4.0-6	21	BB		8

特征：IF 是指电流反馈型。

55　高速电流反馈型 OP 放大器

　　无论是通用 OP 放大器还是高精度 OP 放大器，除特别要求以外，在直流～低频范围内使用的 OP 放大器的反馈电路都是电压反馈型的。然而最近的高速 OP 放大器，几乎都是电流反馈型 OP 放大器。主要是因为电流反馈型 OP 放大器的具有随着增益增大，而频率特性的劣化程度变小的优点。

　　图 6.3 给出了普通的 OP 放大器电压反馈型的工作原理。电压反馈型 OP 放大器的输入阻抗非常大，流入 OP 放大器的电流非常小，反馈是以电压形式进行的。这个电路的增益用 A 表示：

$$A = \frac{1 + R_2/R_1}{1 + (R_2/R_1)A(\omega)} \tag{6.1}$$

其中，$A(\omega)$ 为开环增益，是随频率增加而减小的函数。

当 $(1+R_2/R_1)/A(\omega)=1$ 时，频率为 -3dB 频率 $f_{3\text{dB}}$，该频率决定了 OP 放大器的频率特性，闭环增益 $1+(R_2/R_1)$ 越大，$f_{3\text{dB}}$ 越小。这就是电压反馈型 OP 放大器在高频领域中的缺点。

有一种反馈为电流形式的 OP 放大器，被称为电流反馈型 OP 放大器。图 6.4 给出了电流反馈型 OP 放大器的工作原理。

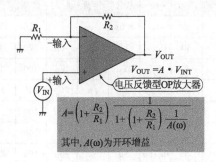

图 6.3 电压反馈型 OP 放大器的工作原理

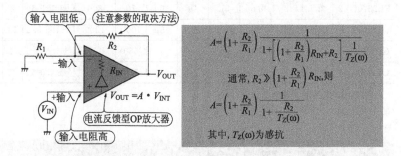

图 6.4 电流反馈型 OP 放大器的工作原理

外围电路与从前没有什么两样，但其特点是反相端的输入电阻非常低。重要的是反馈是以电流形式进行的。这个电路的增益可表示为：

$$A=\frac{1+R_2/R_1}{1+R_2/TZ(\omega)} \tag{6.2}$$

$TZ(\omega)$ 为开环感抗，相当于电压反馈型 OP 放大器的开环增益。

根据式(6.2)，当 $1+R_2/TZ(\omega)=1$ 时，频率特性 -3dB 的频率 $f_{3\text{dB}}$ 由 R_2 决定。即电流反馈型 OP 放大器的频率特性不受闭环增益的影响。实际中因为有 R_{IN} 的影响，增益变大，多少会使频带变窄。但是，没有电压反馈型的影响大。

最近的电流反馈型 OP 放大器的频率特性（-3dB 的频率）有

数百 MHz~1GHz。但是,实际中不需要,50MHz 左右就足以,大多数应用于视频。电流反馈型正逐步成为主流,但像 LM6361 等系列的电压反馈型,作为带容性负载大的高速 OP 放大器也是宝贵的。

56 电流反馈型 OP 放大器的互补阻抗越大则精度越高

电流反馈型 OP 放大器的内部等价电路和模型图,如图 6.5 所示。为了便于理解,参看图 6.5(a)和图 6.5(b)进行比较并加以说明。

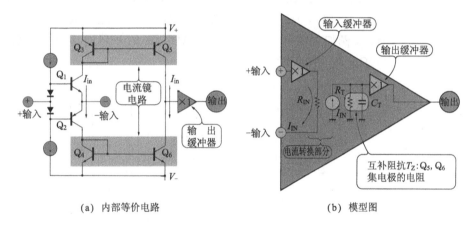

(a) 内部等价电路　　　　　　　　(b) 模型图

图 6.5 电流反馈型 OP 放大器的构成

由图 6.5(a)可知,电流反馈型 OP 放大器的同相输入是晶体管 G_1 和 G_2 的基极连接在一起。所以,同相输入端有数十 k~数 MΩ 的高输入电阻。这里与图 6.5(b)的输入缓冲器相当。

另一方面,由于反相输入由 Q_1 和 Q_2 的发射极连接,有数十 Ω 的低电阻。这个电阻在图 6.5(b)中用 R_{IN} 表示。根据晶体管 Q_1 和 Q_2 或 Q_4 和 Q_6 的电流镜电路,R_{IN} 上的输入电流(即 Q_1 和 Q_2 上的电流)I_{IN} 变化成同等大小的电流 I_{IN},并流经 Q_5 和 Q_6 的集电极。

于是,流经晶体管 Q_5 和 Q_6 的电流 I_{IN} 通过集电极的电阻转换为电压,通过输出缓冲器输出。这个集电极的阻抗(图 6.5(b) 中的 R_T 与 C_T 相当)被称为互补阻抗。

电流反馈型 OP 放大器的互补阻抗与电压反馈型 OP 放大器

的开环增益相当。表 6.2 给出电流反馈型 OP 放大器的代表 AD8001 的性能参数。

表 6.2 电流反馈型 OP 放大器 AD8001 的性能参数

型 号	电路数	输入补偿电压 /mV		NI 输入偏置电流 /A		INV 输入偏置电流 /A		f_3 /MHz	转换速率 /(V/µs)	工作电压 /V	工作电流 /mA	公司	温漂 /(µV/℃) 典型
		典型	最大	典型	最大	典型	最大	典型	典型				
AD8001A	1	2	5.5	3µ	6µ	5µ	25µ	880	1200	±3.0−6	5	AD	10

图 6.6 为 AD8001 的互补阻抗的频率特性。低频约为 900kΩ (600kHz 时)，1GHz 变为 1kΩ。根据前面式(6.2)，R_2/TZ 影响增益，例如，$R_2=600Ω$，低频时 AD8001 的开环增益为 900kΩ/600Ω=1500(64dB)左右。

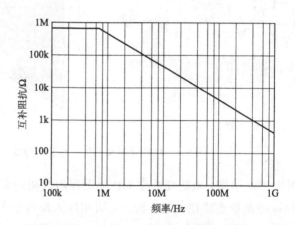

图 6.6 AD8001 的互补阻抗的频率特性

这个数值与普通的电压反馈型 OP 放大器相比感觉就有些低了，所以，高速 OP 放大器一般不用于高增益。

互补阻抗大的电流反馈型 OP 放大器有 EL2175。这个 OP 放大器的互补阻抗为 30MΩ(600kHz 时)。在数据手册上是将其分类在高精度型高速 OP 放大器，与电压反馈型相同，互补阻抗在低频范围内很低。

57 高速电路中信号的振幅应尽量小

　　讨论 OP 放大器的频率特性或响应特性的时候，根据所谓交流特性选择 OP 放大器。交流特性有－3dB 频率（或 GB 积）和转换速率。信号的振幅电平的不同，导致它们的值也不同。

　　OP 放大器的－3dB 频率指当输出电压比较小，约为 $0.1V_{RMS}$ 时测定的频率。应用于前置放大器是没有问题的，但输出电压有数 V_{RMS}，很大的时候，将对转换速率特性影响很大。转换速率不足的 OP 放大器放大时，输入的正弦波会变成三角波（照片 6.1）。

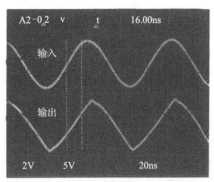

照片 6.1　由于限制转换速率而波形失真

　　考虑转换速率 SR 的频率称为大振幅频率特性或者最大功率频率特性。如图 6.7 所示，最大功率频率特性 f_{FP} 为：

$$f_{FP} = \frac{SR}{\pi V_{P-P}} \tag{6.3}$$

例如，AD8001 的转换速率 $SR = 1200V/\mu s$，输出 $V_{P-P} = 2V$ 时，根据式(6.3)，最大功率频率特性为：

$$f_{FP} = 1200 \div (3.14 \times 2) = 190 (MHz)$$

　　AD8001 的小信号时的频率特性－3dB 频率 $f_{3dB} = 880MHz$，我们发现 f_{3dB} 和 f_{FP} 差别很大。

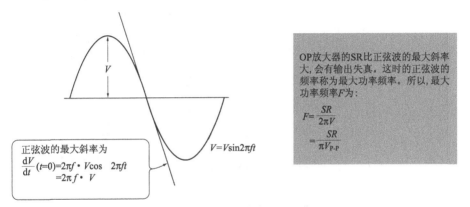

图 6.7　OP 放大器的响应速率和最大功率频率特性

高频电路大概需要数 V 的电压，数百 MHz 以上输出时非常困难。所以，高速电路、高频电路最好不要过大振幅。视频信号一般为 1V(最大值)。图 6.8 为通过同轴电缆传送的视频信号时的在线驱动电路。

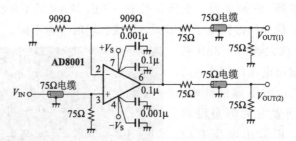

图 6.8　电流反馈型 OP 放大器的视频在线驱动电路

58　电流反馈型 OP 放大器的注意事项

▶ **同相输入放大器为主流电路**

普通的电压反馈 OP 放大器，如图 6.3 所示，反馈电阻 R_2 可自由地选择，电流反馈型 OP 放大器的反馈电阻 R_2 的值，则必须取决于频率特性。这里以 AD8001 来加以说明。

图 6.9 给出电流反馈型 OP 放大器 AD8001 的频率特性，反馈电阻 $R_2＝820\Omega$ 和 $1k\Omega$。R_2 为 820Ω 时，频率带宽有很大延伸。根据式(6.2)可知，反馈电阻 R_2 再小一些，频带还将延伸，频率特性上会有峰值出现，容易发生振荡。一般，最佳阻值可在数据手册上查到。

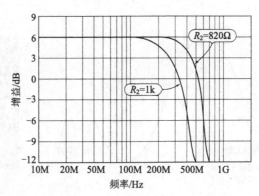

图 6.9　电流反馈型 OP 放大器 AD8001 的频率特性

电流反馈型 OP 放大器根据图 6.4 可知,反相端输入电阻低,同相端输入电阻高。例如,AD8001 的反相输入电阻低于 50Ω,而同相输入电阻高于 $10M\Omega$。对应的输入偏置电流,正反相输入有不同的大小。一般,反相输入偏置电流大。AD8001 的同相输入偏置电流为 $3\mu A$(最大 6),反相输入偏置电流为 $5\mu A$(最大 25)。

通过以上分析,电流反馈型 OP 放大器采用同相输入放大器电路使用起来比较容易。当然,电流反馈型 OP 放大器采用反相输入也是可以的。但是,根据图 6.10,增益越大,阻值 R_1 越小,前面的负担也就越重。

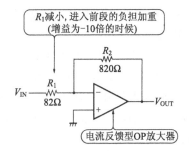

图 6.10 通过电流反馈型 OP 放大器构成反相输入放大器,R_1 值变小

▶ 加反馈电容后引起振荡

电压反馈型 OP 放大器,如图 6.11 所示,反馈电阻 R_2 与电容 C_f 并联。为了改善 S/N 而限定频带,为了防止引起振荡,常用的方法是进行相位补偿。但是,电流反馈型 OP 放大器就不能采用以上方法。

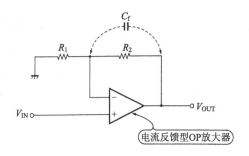

图 6.11 电流反馈型 OP 放大器不加反馈电容

接上反馈电容 C_f 后,反馈电容 C_f 与反馈电阻 R_2 合成的阻抗变小,频带变大。但电流反馈型 OP 放大器的带域受限制,如图 6.9,只有加大反馈电阻 R_2 才行。

另外，输入信号本身的 S/N 必须加以改善，请在同相输入端加 *RC* 低通滤波器。使用高速 OP 放大器的频带与制作放大电路的频带相比有富裕的话，最好选择略大的反馈电阻值，以增强稳定性。

59 高速 A-D 转换器的输入采用低失真高速 OP 放大器

最近，高速 8～10 位(视频)A-D 转换器很便宜就可得到。视频信号已向数字化转变，12 位等级的价格还很高，8 位转换速率 60Msps 左右的要数千日圆。这种高速(视频)A-D 转换器的输入端必须使用低失真高速 OP 放大器。

表 6.3 给出强调低失真特性的高速 OP 放大器的性能参数。表中，高速 OP 放大器的失真度由 SFDR(Spurious Free Dynamic Range)表示。SFDR 用输入信号减去直流成分的寄生成分或高频成分 dB 来表示。由于负载加重通常 SFDF 变差，所以，测定时负载为 100Ω 与无负载时是不同的。

表 6.3 低失真的高速 OP 放大器

型 号	电路数	输入补偿电压 /mV		输入偏置电流 /A		SFDR(dBc) 2V_{P-P},20MHz		f_3 /MHz	转换速率 /(V/μs)	工作电压 /V	工作电流 /mA	公司	特征	温漂 /(μV/℃)
		典型	最大	典型	最大	典型	条件	典型	典型					典型
MAX4108	1	1	8	12μ	25μ	−81		400	1200	±5.0	20	MA	IO	13
MAX4109	1	1	8	12μ	25μ	−80		225	1200	±5.0	20	MA	IO	13
AD9631A	1	3	10	2μ	7μ	−72	$R_L=500$	320	1300	±5.0	17	AD	IO	10
AD9632A	1	2	5	2μ	7μ	−72		250	1500	±5.0	16	AD	IO	10
AD8036A	1	2	7	40μ	60μ	−66		240	1200	±5.0	20.5	AD	CL	10
AD8009	1	2	5	50μ	150μ	−44	150MHz $R_L=100$	1000	5500	±5.0	14	AD	IF	4
OPA642	1	1.5	4	18μ	30μ	−92	5MHz $R_L=100$	450	380	±5.0	22	BB	LN	4
OPA643	1	2.5	4	19μ	20μ	−90		300	1000	±5.0	22	BB	LN	5
OPA640	1	2	5	15μ	25μ	−65		1300	350	±5.0	18	BB	LN	10
OPA644	1	2.5	6	20μ	40μ	−85		500	2500	±5.0	18	BB	IF	20

特征：IF：电流反馈型，IO：输出电流大，CL：加箝位，LN：低噪声

　　图 6.12 为 8 位 60Msps 的 A-D 转换器（AD9057）的测试板（模拟器件公司）电路图。因采用＋5V 单电源，故使用高速单电源 OP 放大器 AD8041，如果改成其他的 OP 放大器就可看到失真特性是如何变化的了。

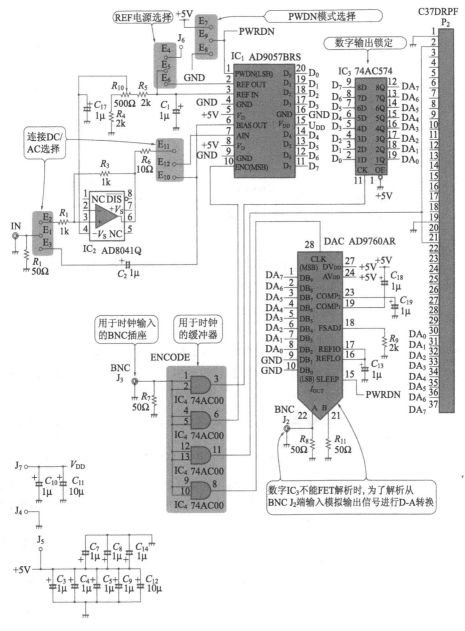

图 6.12　高速 A-D 转换器 AD9057 的测试板电路图

图 6.13 列出了失真特性的测定结果。以测试板的电路为基准，反馈电阻设为 $1k\Omega$。另外，为了可以测试两电源的放大器，电源采用 $\pm5V$ 电源。

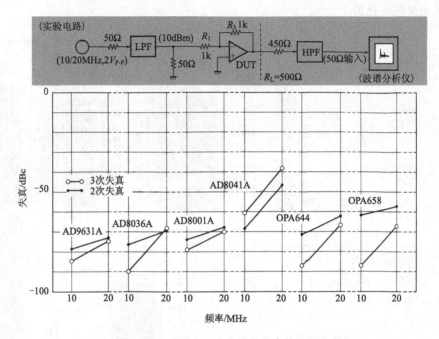

图 6.13 高速 OP 放大器的失真特性测定数据

强调低失真的 OP 放大器 AD9631 和 AD8036 的确有良好的性能。AD8001 的性能也不错。但是，AD8001 的转换速率仅有 $170V/\mu s$，20MHz 的 $2V_{P-P}$ 输出很难作到。

━━━━━━ 专栏 ━━━━━━

所谓 SFDR（Spurious Free Dynamic Range）

本文所说的 SFDR，用输入信号减去直流成分的寄生成分或高频成分 dB（对输入信号电平）来表示。失真一般用高次谐波失真表示，而基波里高次谐波成分则稍有不同。

另外，还有一种是相互调谐失真，即两个信号的频率接近时产生的失真。在通讯方面是重要的规格之一。

60 高速 OP 放大器带容性负载能力弱(也有带容性负载强的 OP 放大器)

不仅仅是高速 OP 放大器, 一般地, OP 放大器带容性负载(电容)的能力是很弱的。只有数十 pF 的电容就引起振荡的 OP 放大器也有, 有时, 接触示波器的探针就可以引起振荡。

通用 OP 放大器都是这样状态, 高速 OP 放大器就更难了。负载电容小时, 如图 6.14 所示, 在 OP 放大器的输出串联一个电阻, 对付引起的振荡是有效的。另外, 负载为同轴电缆时, 串联 50Ω 或 75Ω 电阻是没有问题的。

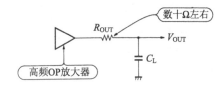

图 6.14 高速 OP 放大器的容性负载的处理方法

容性负载大时, 根据表 6.4, 使用带容性负载强的 OP 放大器会有效果。这种类型的 OP 放大器几乎能带无限大的电容, 但是, 大电容时频带会变窄。

表 6.4 能带大容性负载的高速 OP 放大器的性能参数

型 号	电路数	输入补偿电压 /mV		温漂 /(μV/℃)		输入偏置电流 /A		GB积 /MHz	转换速率 /(V/μs)	工作电压 /V	工作电流 /mA	公司	特征	耐负载电容 /pF
		典型	最大	典型	最大	典型	最大	典型	典型					
AD827J	2	0.5	2	15		3.3μ	7μ	50	300	±15	10	AD		∞
AD847J	1	0.5	1	15		3.3μ	6.6μ	50	300	±15	4.8	AD		∞
AD848J	1	0.2	1	7		3.3μ	6.6μ	175	300	±15	4.8	AD		∞
AD849J	1	0.3	1	2		3.3μ	6.6μ	725	300	±15	4.8	AD		∞
AD826A	2	0.5	2	10		3.3μ	6μ	50	350	±15	15	AD		∞
EL2244C	2	0.5	4	10		2.8μ	8.2μ	120	325	±15	10.2	EL		∞
LT1206	1	3	10	10		2μ	5μ	60	900	±15	12	LT	IF	10000
LT1360	1	0.3	1	9	12	0.3μ	1μ	50	800	±15	4	LT		∞
LM6361	1	5	20	10		2μ	5μ	50	300	±15	5	NS		∞
LM6362	1	3	13	7		2.2μ	4μ	100	300	±15	5	NS		∞
LM6364	1	2	9	6		2.5μ	3μ	175	300	±15	5	NS		∞
LM6365	1	1	6	3		2.5μ	5μ	725	300	±15	5	NS		∞

特征: IF 为电流反馈型

例如,图 6.15 给出了 LT1360(为电压反馈型 OP 放大器)的实验电路和特性。如图 6.15(c)所示,负载为 100pF 和 1000pF 时不发生振荡,稳定地工作。要是通常的高速 OP 放大器早就振荡了。

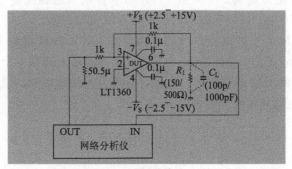

(a) 测定电路

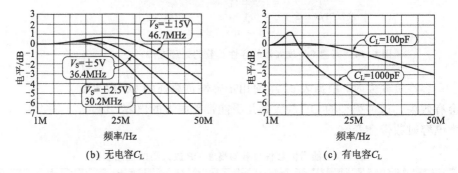

(b) 无电容C_L (c) 有电容C_L

图 6.15 高速 OP 放大器 LT1360 的容性负载和频率特性

带容性负载强的 OP 放大器的确很便利,但其他特性又怎样呢?

图 6.16 给出 LT1360 的高次谐波的失真特性。用基本频率为 3.58MHz,输入电压 $V_{IN} = 4V_{P-P}(1.4V_{RMS})$ 做实验。图 6.16 (b)和图 6.16(c)为负载电阻 $R_L = 500\Omega$ 时的特性,此时,偶数次的高次谐波几乎没有,只有奇数次的高次谐波。电源为 ±15V,3 次高次谐波为 −48.5dB,电源为 ±5V,则为 −41.3dB。图 6.16 (d)和图 6.16(e)为负载电阻 $R_L = 150\Omega$ 时的特性,此时,可见到偶数次的高次谐波。

表 6.5 给出了几个高速 OP 放大器高次谐波失真特性。LM6361 带容性负载强,与 LT1360 和 AD847 相比,失真特性稍微有点差。

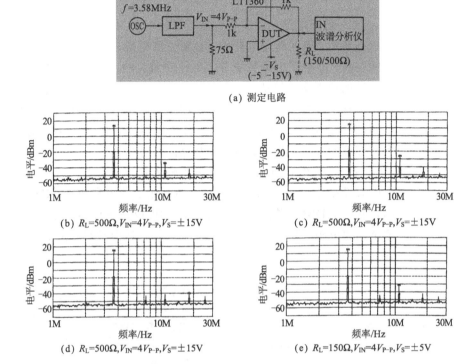

(a) 测定电路

(b) $R_L=500\Omega, V_{IN}=4V_{P-P}, V_S=\pm15V$

(c) $R_L=500\Omega, V_{IN}=4V_{P-P}, V_S=\pm15V$

(d) $R_L=500\Omega, V_{IN}=4V_{P-P}, V_S=\pm15V$

(e) $R_L=150\Omega, V_{IN}=4V_{P-P}, V_S=\pm5V$

图 6.16 LT1360 的高次谐波的失真特性

表 6.5 主要的高速 OP 放大器的失真特性($f_{IN}=3.58\mathrm{MHz}, V_{IN}=4V_{P-P}$)

型 号	电源电压	$R_L=500\Omega$		$R_L=150\Omega$	
		2 次	3 次	2 次	3 次
LT1360	$\pm5V$	−65dB 以下	−41.3dB	−60dB	−46.5dB
	$\pm15V$	−65dB 以下	−48.5dB	−60dB	−55dB
AD847	$\pm5V$	−55dB	−53.0dB	−44.9dB	−45dB
	$\pm15V$	−65dB 以下	−61.6dB	−50dB	−43.3dB
LM6361	$\pm5V$	−21.4dB	−30dB	−21.4dB	−30dB
	$\pm15V$	−23.2dB	−32dB	−20.4dB	−35dB

61 高速 OP 放大器装配时注意寄生电容

DC～低频电路往印制电路板上焊接时，OP 放大器电路一点接地是基本，但在高频电路中，必须使用阻抗较小的接地。只要使用引线，总会产生感抗成分，实行表面装贴，会得到感抗小的平面接地称为全面接地。

这种平面接地也有缺点，容易产生寄生电容。应用平面接地如图 6.17 所示的地方，都会产生寄生电容。在输入输出处的寄生电容可能会引起振荡，一定要避免。

举例如图 6.17(b)的焊点，拔出输入输出的焊接的管脚，寄生电容就变小了。该图使用集成元件，如果频带有数十 MHz 的话，也有在 DIP 封装的 OP 放大器上使用 1/16～1/8W 左右的小型金属膜电阻。这样确保管脚部分的拔出，从而减轻了对寄生电容的担心。

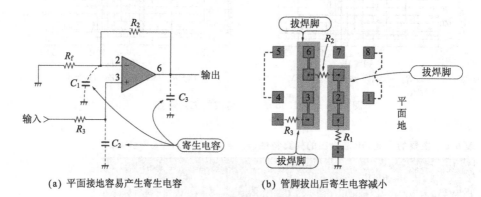

(a) 平面接地容易产生寄生电容　　　(b) 管脚拔出后寄生电容减小

图 6.17　OP 放大器实装时限制寄生电容的方法

从双面板发展到多层板，会减少起决定作用的平面接地的面积，这一点很重要。

还有，实验时 OP 放大器不用焊锡，而是使用插座。此时可以使用针-插座型的通用 IC 插座，但也不可忽视寄生电容的影响。若使用图 6.18 所示独立型的微小弹性插座，较令人满意。虽然必须得非常费力地一根一根地压进，但不会附加其他东西，即使数十 MHz 以上，实用时也没有问题。

但是，与通用插座相比，价格较高，对于批量生产的基板是不会用的，如今只限于评价用的基板或试验用的基板。

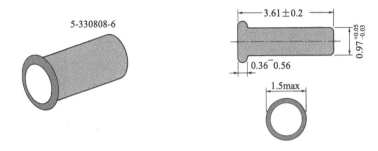

图 6.18　基板孔实装时的微小弹性插座

62　每个高速 OP 放大器的电源管脚上附加旁路电容

为了使 OP 放大器停止振荡而稳定地工作，必须向 OP 放大器附加 0.01～0.1μF 的旁路电容。用瓷片电容，正负电源需要两个旁路电容。

旁路电容的频率越高，受到引线电感成分的影响也越大，因此最好使用贴片电容。贴片电容的外形如图 6.19 所示，通常贴片电容为纵向长的是 3216 型。3216 型含电感成分大，最好使用电感小的横向长的 1632 型。

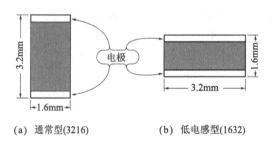

(a)　通常型(3216)　　　(b)　低电感型(1632)

图 6.19　贴片电容(陶瓷层型)的外型

表 6.6 给出了低电感型贴片陶瓷层电容的性能参数，图 6.20 为频率特性。

由图 6.20 可知，0.082μF 的贴片电容的共振频率约为 35MHz。通常形状的约为 10MHz 左右，数倍高频都可使用。

表 6.6 **低电感型贴片陶瓷电容的性能参数**（日本 VISHAY（株））

项 目	参 数
电感	0.5mH(max)
电容范围	0.082μ～0.22μF
工作温度范围	−55～＋125℃
温度特性	±15%
额定电压	25V/50V
tanδ	3.5%(max)(25V) 2.5%(max)(50V)
绝缘电阻	10^5MΩ(max)

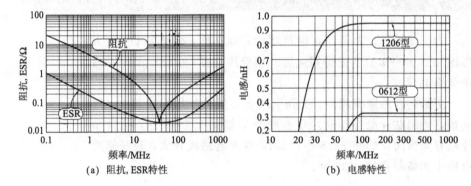

(a) 阻抗, ESR特性　　　　　(b) 电感特性

图 6.20 低电感型贴片陶瓷电容的频率特性

第 7 章
OP 放大器的稳定性及其避免自激振荡的应用技巧

63 从噪声增益可知反相与同相电路的稳定度是不同的

当 OP 放大器的输出考虑到补偿电压和噪声时，就应先了解噪声增益的概念。考虑到"噪声增益"一词有很多人是头一次听到，所以要介绍一下。首先见图 7.1。

这是增益为 1 和－1 的电路图。若认为这两个电路好像只是增益的正负号的不同，那这就错了，实际上噪声和补偿电压的大小，在发生振荡的稳定性方面有很大差异。

图 7.1(a)为增益－1 的反相放大器，有 50％的反馈，图 7.1(b)为增益 1 的同相放大器，有 100％的反馈。就是说，图 7.1(b)的负反馈要多，性能要好，但防止振动保持稳定的能力反而很弱。

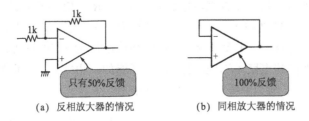

(a) 反相放大器的情况   (b) 同相放大器的情况

图 7.1 增益为－1 和增益为 1 的稳定度是不同的

由此，即使增益的绝对值都是 1，稳定性是不同的，容易使人混淆。表示 OP 放大器的输出相关的噪声和补偿电压时，用噪声增益代替电路增益。噪声增益 G_N 由反馈率的倒数来表示(见图 7.1)：

$$G_N = 1 + (R_2/R_1) \tag{7.1}$$

因而，根据式(7.1)可知，图 7.1(a)的噪声增益为 2，图 7.1(b)中如果 $R_2 = 0$，则噪声增益为 1。

噪声增益也就是噪声的增益，这里补偿电压也是相同的。例如，当补偿电压为 1mV 时，图 7.1(a) 电路的输出电压变为 2mV，图 7.1(b) 电路则变为 1mV。从噪声增益的角度考虑，无须考虑正、负符号，都可以对电路的补偿电压的大小或噪声等进行客观的计算。

下面将图 7.2 的反相放大器的噪声增益 G_N 用式 (7.1) 来表示。当 $R_1 = 100\Omega$，$R_2 = 100k\Omega$ 时，噪声增益 $G_N = 11$。如果 OP 放大器的补偿电压为 1mV，则得到噪声增益倍的输出电压 11mV。

I/V（电流/电压）变换电路又怎样呢，来看图 7.3 的 I/V 变换电路吧。

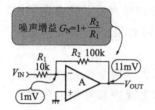

图 7.2 反相放大器的噪声增益

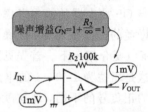

图 7.3 I/V 变换电路的噪声增益

在这个电路中，当 $R_1 = \infty$ 时，根据式 (7.1)，$G_N = 1$。所以，1mV 的补偿电压有 1mV 的输出。

图 7.4 是反相放大器电路，R_2 小于 R_1，使噪声衰减。例如，图 7.4(a) 的增益为 -0.1 倍，"增益为 -0.1 倍，补偿电压为 0.1 倍"受到质疑。主要质疑是"如果补偿电压为 1/10 的话，就可以做高性能的电路了"，显然这是不可能的。由式 (7.1) 可知，因为有 $+1$ 项，所以，噪声增益不可能在 1 以下。

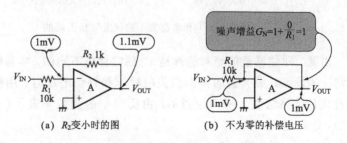

(a) R_2 变小时的图   (b) 不为零的补偿电压

图 7.4 组成的衰减电路是否会使补偿电压变小

请看图 7.4(b) 的电路，这是一个极端的例子。当 $R_2 = 0$ 时，信号没有增大。因而，是无意义的电路，噪声增益正好为"1"。所以，1mV 的补偿电压输出也是如此，噪声增益决不为零。

64 输入电容引起 OP 放大器的振荡

OP 放大器为什么会振荡呢？学过模拟电路的人一定有这样的疑问，如果知道起振原因，就会有办法避免了。

首先假设 OP 放大器开始时不振荡。例如，参见图 7.5，这是增益为 10 的反相放大器。这里使用通用 OP 放大器 AD711 来做实验，考虑方法与其他的 OP 放大器相同。

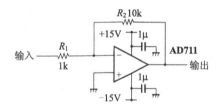

图 7.5 增益为-10 的反相放大器

测定 OP 放大器的稳定性，首先测定增益-相位特性，测定方法如图 7.6 所示。

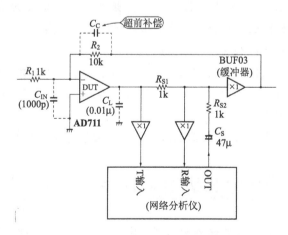

图 7.6 OP 放大器的闭环增益-相位特性的测定电路

图 7.7 给出图 7.6 的电路的增益-相位特性，根据图 7.7(a)无

输入电容的特性，求得相位裕度 φ_m。所谓相位裕度，即闭环增益为 0dB 的频率，用电路的相位滞后 180°还有多少度的余量来表示。相位滞后 180°，负反馈变成了正反馈，发生振荡，参见图 7.7 (a)，$\varphi_m = 82.9°$。通常，相位裕度在 45°~60°范围内是稳定的，该电路可以说是十分稳定的。

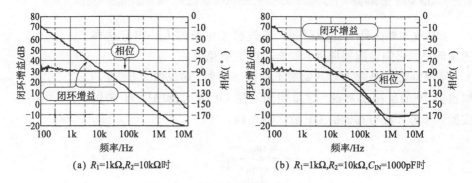

(a) $R_1 = 1k\Omega, R_2 = 10k\Omega$时　　　　　(b) $R_1 = 1k\Omega, R_2 = 10k\Omega, C_{IN} = 1000pF$时

图 7.7　图 7.6 电路的增益-相位特性

另外，这个电路的增益为 -10 倍，如果用 -1 的增益做实验的话，相位裕度为 60°左右。所以使用高增益的 OP 放大器的相位裕度越大，其稳定性就越好。

在图 7.6 的电路中，有意在 AD711 的输入端加电容 $C_{IN} = 1000\mu F$。这时的特性如图 7.7(b)所示。相位裕度太小为 32.8°。理由是根据 C_{IN} 的频率特性的点产生频率特性的极点是有益的。工作时使相位的极点移动。产生极点的频率 f_p 为：

$$f_p = 1/2\pi \cdot C_{IN}(R_1 /\!/ R_2) \tag{7.2}$$

将给定值代入式(7.2)，$f_p = 180kHz$。由于产生频率的极点的相位滞后 45°，图 7.7(a)与图 7.7(b)在 180kHz 上的相位变化比较可知约 45°。

以上说明，OP 放大器的输入电容越大越容易引起振荡。

65　容性负载引起 OP 放大器的振荡

我们知道，大的输入电容 C_{IN} 并入就会引起 OP 放大器的振荡，这也是引起 OP 放大器振荡的原因之一，这些都是容性负载。由于容性负载引起 OP 放大器振荡的话题已经多次说过，采样保持电路或者同轴驱动器等，意外地形成容性负载的电路非常多。

在前面讲述的图 7.6 电路，OP 放大器 AD711 的输出连接了 $C_L=0.01\mu F$ 的电容。此时图 7.8 给出了增益-相位特性曲线。这次相位裕度小于 44.7°。另外，产生了极点。

当有输入电容 C_{IN} 时，根据式(7.2)可知，受电阻 R_1 和 R_2 的影响，当有负载电容 C_L 的情况下，就影响 OP 放大器的输出阻抗 R_{OUT}。根据 C_L 产生极点的频率 f_p 为：

$$f_p=\frac{1}{2\pi \cdot C_L \cdot R_{OUT}} \tag{7.3}$$

由于 AD711 的 R_{OUT} 约 50Ω，由式(7.3)得 $f_p \approx 320kHz$。与前面图 7.7(a) 比较可知，在 320kHz 上的相位变化为 45°。

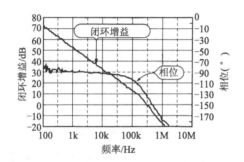

图 7.8　有电容负载($C_L=0.01\mu F$)的图 7.6 的电路增益-相位特性

所以，仅仅是 OP 放大器电路本身，它是稳定的，但有了输入电容和负载电容，相位裕度变小，容易产生振荡。这个实验使用的是通用 OP 放大器，C_{IN} 和 CL 的值也较大，要注意的是很小的负载电容都会影响高速 OP 放大器的稳定性。

66　通过相位补偿来消除振荡

如果说前面的实验稳定性较差，那么下面阐述一种稳定性好的方法。这种方法叫相位补偿，相位补偿有①超前补偿；②滞后补偿；③超前-滞后补偿三种。②和③的方法需要足够大的相移补偿，这里简单介绍另一种十分有效的方法——超前补偿。

图 7.9 为超前相位补偿电路。补偿电路仅仅为 R_2 与电容并联。这个电容 C_C 抵消了 C_{IN} 或 C_L 而产生新的极点，这个极点称为零点。

零点有超前相位的作用，产生零点的频率 f_z 为：

$$f_z = \frac{1}{2\pi \cdot C_C \cdot R_2} \tag{7.4}$$

仅仅依靠相位补偿能够得到零点最好，但遗憾的是其同时又产生新的极点。产生新的极点频率 f_{PC} 为：

$$f_{PC} = (1 + R_2/R_1)/f_z \tag{7.5}$$

所以，增益越大的放大器，其频率（f_{PC}）越高，补偿也就越容易。

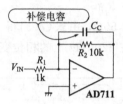

图 7.9 OP放大器的超前相位补偿电路

图 7.10 为在图 7.9 的电路上，$R_2 = 10\text{k}\Omega$ 与电容 $C_C = 100\text{pF}$ 的并联的特性。通过电容 C_C 进行相位补偿，由式（7.4）可知，零点产生的频率 $f_z \approx 160\text{kHz}$。同时根据式（7.5），极点的频率 $f_{PC} = 1.8\text{MHz}$。结果，图 7.10 曾经超前的相位又滞后了，在 $f_z \sim f_{PC}$ 之间产生尖峰。所以，比较图 7.10 可以确定，加补偿电容 C_C 后，相位是超前了。由图 7.10 可知此时的相位裕度为 $\varphi_m \approx 92.5°$。

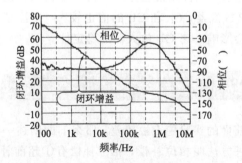

图 7.10 超前相位补偿的效果

其次，输入电容 $C_{IN} = 1000\text{pF}$ 时的相位补偿的结果，如图 7.11 所示。补偿电容 C_C 为 100pF，由图可知，有 C_{IN} 的 32.8° 的相位裕度恢复到 $\varphi_m \approx 84.6°$。

图 7.12，对电容负载 $C_L = 0.01\mu\text{F}$ 的相位补偿结果。这时，C_C 为 47pF，相位裕度恢复到 44.7° ~ 79.7° 之间。

超前相位补偿可简单有效地消除振荡，请一定记住。

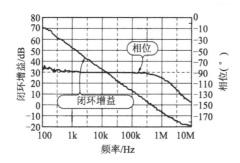

图7.11　输入电容 $C_{\text{IN}} = 1000\text{pF}$ 时的相位补偿的效果

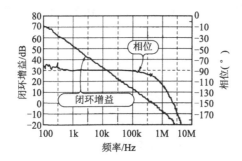

图7.12　电容负载 $C_{\text{L}} = 0.01\mu\text{F}$ 时的相位补偿的效果

再者，由 OP 放大器的输入偏置电流，可以补偿电压，根据图
7.13，OP 放大器的同相输入电阻 $R_3 = R_1 /\!/ R_2$，这时也会因 OP
放大器的输入电容产生极点。如果 R_3 的值大于等于 $10\text{k}\Omega$，则加
上电容 C_{C} 方可放心。

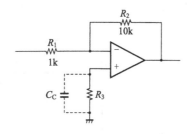

图7.13　要注意的是同相输入的电阻也能使稳定性变差

67 相位裕度的简单的测量方法

OP 放大器的增益-相位的测量，如图 7.6 所示，须使用高价格的网络分析仪的测量仪，但也有利用频率特性上的峰值来做简单地判断的方法。如果有正弦发生器和示波器（另外万用表），频率特性是可以测量的。

令电路增益为 $A(j\omega)$，OP 放大器的开环增益为 $A_0(j\omega)$，闭环增益为 $T(j\omega)$，则

$$A(j\omega) = \frac{A_0(j\omega)}{1 + T(j\omega)} \tag{7.6}$$

相位裕度为 $|T(j\omega_0)| = 1$ 的值。例如，相位裕度 $\varphi_m = 45°$ 代入式(7.6)得，

$$A(j\omega) = \frac{A_0(j\omega_0)}{1 + e^{-j135}}$$

$$= \frac{A_0(j\omega_0)}{1 - 0.707 - j0.707}$$

$$= \frac{A_0(j\omega_0)}{0.293 - j0.707}$$

因此，$|T(j\omega_0)| = 1.3A_0(j\omega_0)$。频率特性上产生 2.3dB 的尖峰。总之，从大的尖峰就可预测相位裕度。表 7.1 给出频率特性上峰值与相位裕度的关系。

图 7.14 为图 7.5 电路的频率特性的测试结果。图 7.14(a)的频率特性无凸凹的直接衰减，预计相位裕度接近 90°。图 7.14(b)为 $C_{IN} = 1000pF$ 时的频率特性，约有 4dB 的峰值。所以，预计可能有 30°～45°的相位裕度。

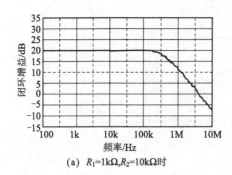

(a) $R_1 = 1k\Omega, R_2 = 10k\Omega$ 时

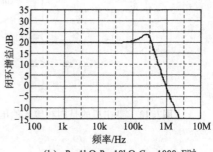

(b) $R_1 = 1k\Omega, R_2 = 10k\Omega, C_{IN} = 1000pF$ 时

图 7.14 从 OP 放大器频率特性（振幅特性）的峰值预见相位裕度

测定相位裕度的另一种方法是推测脉冲响应的逸出量。这种方法比起测频率特性要简单，但极点多了就不能推测了。

表 7.2 给出了有脉冲响应信号时逸出量与相位裕度的关系。让我们观察一下当 $C_{IN}=0$ 和 $C_{IN}=1000pF$ 的输出波形，如图 7.15 所示。

表 7.1　相位裕度与频率特性的峰值关系		表 7.2　相位裕度与逸出量的关系	
相位裕度(°)	峰值/dB	相位裕度(°)	逸出量/%
90	0	90	0
60	0.2	60	0.2
45	2.4	45	2.4
30	5.8	30	5.8

图 7.15(a)为 $C_{IN}=0$ 时的波形。没有逸出量，相位裕度近似为 90°。图 7.15(b)为 $C_{IN}=1000pF$ 的特性。可看到约 40% 的逸出量。由此，从表 7.2 中可得约 30°的相位裕度。

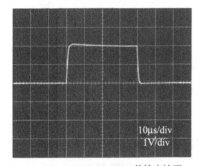
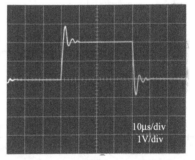

(a)　$R_1=1k\Omega,R_2=10k\Omega$ 的输出波形　　　(b)　$R_1=1k\Omega,R_2=10k\Omega,C_{IN}=1000pF$ 的输出波形

图 7.15　从 OP 放大器的脉冲响应特性来预见相位裕度

如此简单的方法，就可判断 OP 放大器的稳定性，您可以试一下。

68　对于相位滞后小的高增益的 OP 放大器应采用多级串联的方法

微小信号放大时，一般 OP 放大器的电压增益非常大，为 10 倍、100 倍等等。另外，输入信号为交流时，不仅振幅特性而且相位特性也很重要。

增益变大时，相位滞后也随之变大，所以，电路的相位特性变差。使用高速 OP 放大器减少相位滞后是常用的方法。这里使用通用 OP 放大器来做一下实验。

图 7.16 为增益 100 倍的同相放大器的实验电路。图 7.17 为图 7.16 电路的增益-相位特性曲线。图 7.17(a)所示，$f=100\text{Hz}$ 的滞后相位 φ_{LAG} 约为零，当频率上升时滞后相位也随着变大。$f=10\text{kHz}$ 时，$\varphi_{\text{LAG}}=13°$；$f=100\text{kHz}$ 时，$\varphi_{\text{LAG}}=70°$。

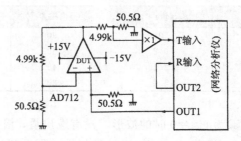

图 7.16　增益 100 倍的同相放大器的增益-相位特性的实验电路

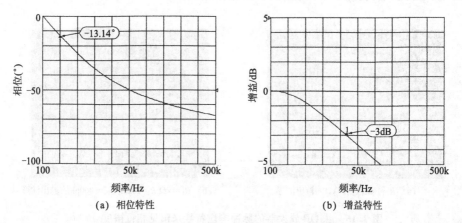

（a）相位特性　　　　　　　　　　（b）增益特性

图 7.17　图 7.16 电路的增益-相位特性曲线

图 7.18 是通过实验而得到的 OP 放大器 AD712 的开环增益的频率特性。$f=10\text{kHz}$ 时，AD712 的开环增益为 50dB，闭环增益 A_{L} 为 $50-40=10\text{dB}$（3.16 倍）。由此计算出滞后相位 φ_{LAG} 的粗略值：

$$\phi_{\text{LAG}}=\arctan(1/A_{\text{L}})=\arctan(1/3.16)=17.6° \qquad (7.7)$$

由图 7.17(a)得 $\varphi_{\text{LAG}}=13°$，与计算结果基本符合。

图 7.19 是使用模拟器件公司生产的 AD712，摘录其数据手册上的相位补偿电路。如图可知，这个电路增加一个相同的相位补偿电路。图 7.20 为实验结果的增益-相位特性。图 7.20(a)相

位特性, $f=10\text{kHz}$ 时, 滞后相位 $\varphi_{\text{LAG}}\approx13°$, 与图 7.17 相比变小。由图 7.20(b)可知, 增益为 3dB 左右出现峰值。

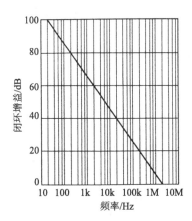

图 7.18 实验中使用 OP 放大器 AD712 的频率特性

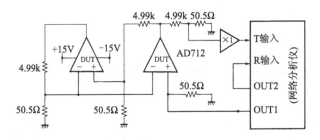

图 7.19 使用两个增益 100 倍 OP 放大器的同相放大器的实验电路

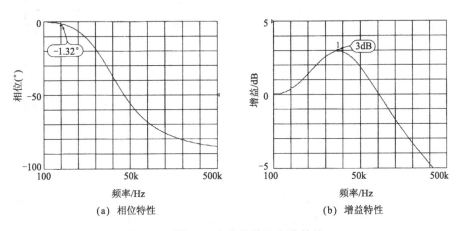

(a) 相位特性　　　　(b) 增益特性

图 7.20 图 7.19 电路的增益-相位特性

将两个 OP 放大器串联的话，能否变好些呢？图 7.21 为两个 10 倍增益的 OP 放大器，合计为 100 倍的放大器。图 7.22 为增益-相位特性曲线。从图 7.22(a) 中得滞后相位 $\varphi_{LAG} \approx 2.5°$。与图 7.20 相比滞后相位大，与图 7.17 相比要好的多。而且，增益特性的峰值也没有了，频率带宽也增大了。若采用三段构成的话，会更好些。

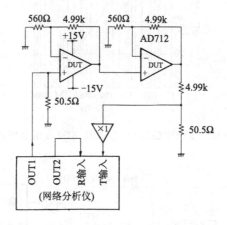

图 7.21 两个串联的增益 100 倍的同相放大器的实验电路

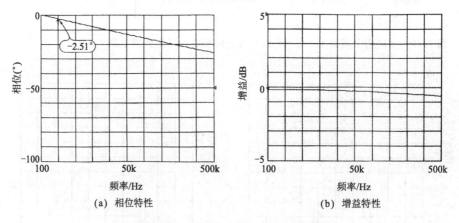

|(a) 相位特性|(b) 增益特性|

图 7.22 图 7.21 电路的增益-相位特性

从此实验可知：高增益 OP 放大器担心相位滞后时，防止 1 级放大的增益而采用多段串联，效果应更好些。

第8章
OP 放大器放大电路的应用技巧

69 交流输入高阻抗的缓冲电路应注意其输入电容

交流输入用的高输入阻抗的缓冲电路,如图 8.1 所示。由于这个电路的输入电压 V_{IN} 大于数百伏,故必须加入用于保护且大于数十 $k\Omega$ 的电阻 R_3。因此,输入端的缓冲器 A_1 的输入阻抗必须很大,否则输入电压 V_{IN} 将被衰减掉,引起误差。图中 C_2 的作用是滤掉直流成分。

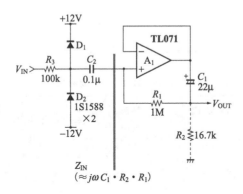

图 8.1 用于交流输入的缓冲放大器的基本电路

该图电路的特征是通过电容 C_1 加入若干个正反馈(被成为自举电路)。所以,输入阻抗 Z_{IN} 变为:

$$Z_{IN} = j_\omega \cdot C_1 \cdot R_1 \cdot R_2 \qquad (8.1)$$

例如, $C_1 = 22\mu F$, $R_1 = 1M\Omega$, $R_2 = 16.7k\Omega$ 时,根据式 (8.1),1kHz 时的输入阻抗 $Z_{IN} = 2.3G\Omega$,该数值非常大。即使加入保护电阻 $100k\Omega$ 的 R_3,电压也不会损失。

但是,该电路的实际频率特性,如图 8.2 所示,输入频率超过 10kHz,就产生 1% 以上的误差。理由是 A_1 为 OP 放大器,输

入电容 C_{IN}（含寄生电容）很大，电路并联接入输入阻抗 Z_{IN}，实际的交流输入阻抗变小。

由于该电路为交流放大器，必须使用输入电容小的 OP 放大器，为了抑制补偿电压，R_1 应设计大一些为 1MΩ，可使用偏置电流低的 FET 作输入的 OP 放大器。这里，以通用 OP 放大器 AD711 为例。

AD711 的性能参数如表 8.1 所示。AD711 的输入电容比较小，约为 5.5pF（包括同相，差动），单调增益的频率为 4MHz，转换速率为 20V/μs，性能良好。

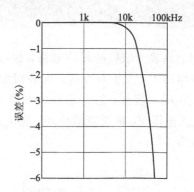

图 8.2 图 8.1 电路的频率特性

表 8.1 通用 OP 放大器 AD711 的性能参数

型 号	电路数	输入补偿电压 /mV		温漂 /(μV/℃)		输入偏置电流 /A		GB 积 /MHz	转换速率 /(V/μs)	工作电压 /V	工作电流 /mA	公司	输入噪声密度 /(nV/√Hz) @1kHz
		典型	最大	典型	最大	典型	最大	典型	典型				
AD711J	1	0.3	3	7	20	20p		4	16	±4.5－18	2.5	AD	18

图 8.3 给出了使用 AD711 的缓冲电路图。这个电路特点是加入了反馈电阻 R_4。当加入 R_4 时，频率特性会出现峰值，但反过来补偿了因 AD711 的输入电容引起的电压下降。其频率特性如图 8.4 所示。可以看到 100kHz 以内都表现平坦的曲线。

为了提高其性能，在缓冲电路前加入衰减器，从保护电路的角度考虑，可使用极间电容小的 PIN 二极管 D_1 和 D_2（例如，1SV99 等）。

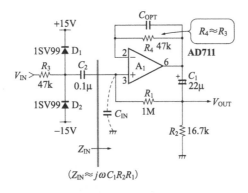

图 8.3　改善 AD711 用于交流输入的缓冲器

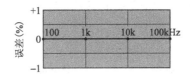

图 8.4　图 8.3 电路的频率特性

70　单电源为差动放大器供电的方法

　　一般的差动放大电路如图 8.5 所示，使用三个 OP 放大器是很常见的，该电路不能使用单电源。原因在于 OP 放大器 A_1 的

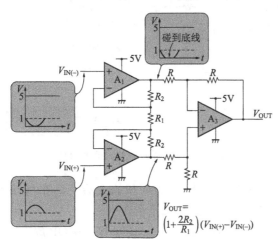

图 8.5　一般的差动放大器的构成

输出必须为负值时，才有可能输出 0V 以下。

解决这个问题的电路如图 8.6 所示，该电路的增益 G 为：

$$G = \frac{G_4}{G_G} = \frac{100\text{k}\Omega}{R_G} \tag{8.2}$$

根据式 (8.2)，当 $R_G = 100\Omega$ 时，则 $G = 1000$。$R_1 \sim R_4$ 值任选，为了有良好共模信号抑制比 CMRR，必须满足 $R_1 \cdot R_2 = R_3 \cdot R_4$ 的关系。

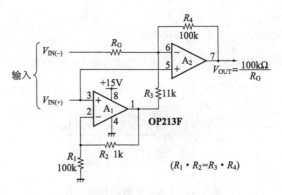

图 8.6　单电源的差动放大器的构成

图 8.7 给出单电源差动放大器的原理图。输入 $V_{\text{IN}(+)}$ 同时加入放大器 A_1 和 A_2 的同相端。因此，因有 $V_{\text{IN}(+)} > V_{\text{IN}(-)}$ 的关系，$V_{\text{IN}(-)}$ 引起的 A_2 的输出应出现在＋侧面。

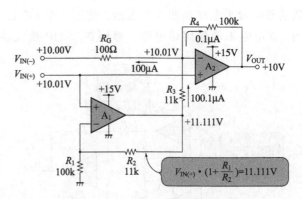

图 8.7　单电源差动放大器的原理

另外，因 OP 放大器 A_1 为同相放大器，A_1 的输出也必须在＋侧面，像图 8.5 那样的情况不会发生。

由于这个实例的增益 G 大于 1000 倍，故 OP 放大器 A_1 和 A_2 使用高精度型的单电源 OP 放大器 OP213。OP213 的性能参数如

表 8.2 所示。

表 8.2 单电源 OP 放大器 OP213 的性能参数

型号	电路数	输入补偿电压/mV		温漂/(μV/℃)		输入偏置电流/A		GB积/MHz	转换速率/(V/μs)	工作电压/V	工作电流/mA	公司	输入噪声密度/(nV/$\sqrt{Hz}$)@1kHz
		典型	最大	典型	最大	典型	最大	典型	典型				
OP213F	2		1.5		1.5		0.6μ	3.4	1.2	4—36	4	AD	4.7

另外,像图 8.6 那样,在 $V_{IN(-)}$ 的输入端加入输入电阻 R_G 是不实用的。当增大输入电阻时,可加入缓冲电路,如图 8.8 所示。

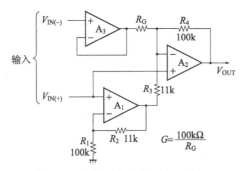

图 8.8 实用的单电源差动放大器

这个单电源电路被封装成放大器 IC,即 AMP04(模拟器件公司)。图 8.9 为 AMP04 的结构图,价格高,由于 CMRR 已调整好,所以使用 IC 是非常方便的。

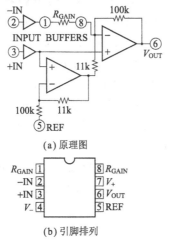

(a) 原理图

(b) 引脚排列

图 8.9 单电源封装的放大器 AMP04 的构成

71 扩大差动放大器共模电压范围的方法

使用通常的 OP 放大器的差动放大器，其构成如图 8.10，这个电路的输入电压范围的条件为不超过电源电压范围。例如，±15V 的电源时，其共模电压范围为 ±10V 左右。

扩大同相电压范围的电路如图 8.11 所示。

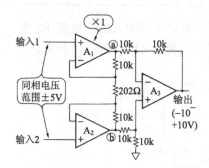 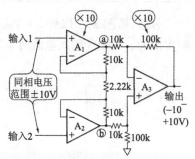

要得到 −10~+10V 的输出电压，ⓐ点为 +5V，ⓑ点为 −5V，所以，同相电压只允许 ±5V（OP 放大器的最大输入为 ±10V）。例如，ⓑ点的电压 10V，ⓐ点的电压即使为 0V，输出电压为 +10V。ⓑ点已经为 +10V，则 + 侧方不能再施加同相电压

（a）A₃ 为单位增益时

要得到 −10~+10V 的输出电压，ⓐ 点为 + 0.5V，ⓑ 点为 −0.5V，所以，同相电压最大约为 ±10V

（b）A₃ 保持增益

图 8.10 差动放大器的同相电压范围

这个电路通过 $380k\Omega$ 和 $20k\Omega$ 的电阻将输入电压衰减了 $1/20$。所以，通常 ±10V 的共模电压扩大 20 倍为 ±200V。当然，信号电压（包括差动电压）也衰减了 $1/20$，所以，放大器必须有 20 倍的增益。必须注意的是，增益为 $R_5/R_1 = 1$ 倍，噪声增益也有 $1 + R_5/R_4 = 20$ 倍（OP 放大器的补偿电压也为 20 倍）。

图 8.11 中，R_3 为 $20k\Omega$，R_3 为 $21.1k\Omega$。由于电阻 R_3 与反馈电阻 R_5（$380k\Omega$）并联，所以，R_3 与 R_5 的并联电阻为 $R_3 \cdot R_5 (R_3 + R_5) \approx 20(k\Omega)$。

如此扩大的同相电压的集成电路 IC 的差动放大器有 INA117，图 8.12 是其构造图。当然，CMRR 经过调整后，其使用也变得简单了。

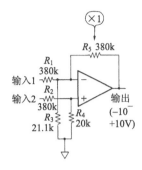

由于同相电压为 OP 放大器的输入的
1/20，OP 放大器的输入范围为 ±10V，
所以同相输入可达到为 ±200V，这里用
的 IC 为 INA117

图 8.11 扩大同相电压的差动放大器

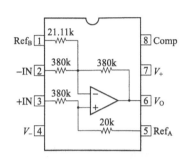

图 8.12 允许高同相电压的封装
放大器 INA117 的构成

72 确保高增益放大器的频率特性的方法

有些工作需要能够调整增益的放大器（可由外部设定增益的
放大器，以后称 PGA）。PGA 是很普通的电路，专用 IC 也可以
买到。

然而，达到 200kHz 的宽带域的频率特性的专用 IC 还没有见
到。必须重新设计电路。首先增益要在 0～40dB 之间，而且超过
200kHz 的频率仍显平坦特性是很困难的，若用通用 OP 放大器制
作困难就更大。

首先做放大器的 20dB 的频率特性的实验。实验电路与特性
如图 8.13 所示。使用通用 OP 放大器 NE5532，超过 100kHz，
0.1dB，已经很不正常。NJM4580 在 200kHz 产生 0.05dB 的误
差。参见 NE5532 和 NJM4580 的数据图表，GB 积也有 10MHz
以上，好像是没有问题可以使用，但输出的峰值在正相，频率特
性的相位裕度有可能变小。

再看一下图 8.13(b)。高性能的 AD797A 和 AD829，其 GB
积超过 100MHz（即高速 OP 放大器），性能很好。一方面，OP275
虽为通用 OP 放大器，但某些特性却非常好，OP275 的 GB 积为
9MHz，转换速率为 22V/μs，与 NE5532 大约相同，但频率特性

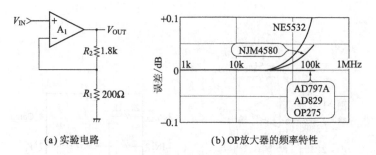

(a) 实验电路   (b) OP放大器的频率特性

图 8.13 OP 放大器频率特性的实验（增益为 20dB）

出现很大的差异。

从数据图表中，虽然观察不到非常微妙的特性，但其特性却是非常重要的。

如图 8.14，使用 OP275，通过 2 级 0/10/20dB 构成，通过模拟开关切换。OP275 为通用放大器，补偿电压很小，为 1mV（最大值），从而判断是完全可以使用的。另外，$R_1 = 200\Omega$，$R_2 = 432.5\Omega$，$R_3 = 1.368\text{k}\Omega$，没有相应的标准阻值，可通过两个电阻经串联或并联来得到。

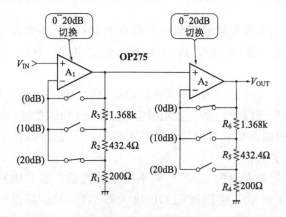

图 8.14 0～40dB 增益可调整的放大器（$f = 200\text{kHz}$）

小于 30dB，可用一个 OP 放大器完成，但是，30dB 以上而且特性保持不变，也就只有 AD829 这类的了。

表 8.3 给出了 OP275 的性能参数，同时，也给出了比 OP27 补偿电压低的 OP285 的参数。

表 8.3   通用 OP 放大器 OP275/285 的性能参数

型号	电路数	输入补偿电压/mV		温漂/(μV/℃)		输入偏置电流/A		GB积/MHz	转换速率/(V/μs)	工作电压/V	工作电流/mA	公司	输入噪声密度/(nV/$\sqrt{Hz}$)@1kHz
		典型	最大	典型	最大	典型	最大	典型	典型				
OP275G	2		1	5		0.1μ		9	22	±4.5—22	5	AD	6
OP285	2	0.035	0.25	1		0.1μ		9	22	±4.5—22	5	AD	6

73 低噪声 OP 放大器应用于可程控增益的放大电路

1MHz 以内的放大器且最大增益可达 60dB，如图 8.13 的电路所示，使用 AD797A。这个 OP 放大器如图 8.15 所示，10Hz～10MHz 以内限定了噪声特性，可安心地使用。

首先，考虑到通用 OP 放大器并不是很好，限定了噪声特性的频率，多数在音频以内，这次就不打算使用它。即使著名的 LM833，在图 8.15 中，也只显示了 100kHz 以内的数据。为了便于参考，表 8.4 列出了由作者挑选的通用低噪声 OP 放大器。

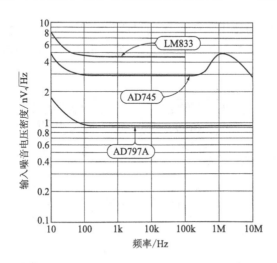

图 8.15   各种低噪声 OP 放大器的频率特性

表 8.4 通用低噪声 OP 放大器

型 号	电路数	输入补偿电压 /mV		温漂 /(μV/℃)		输入偏置电流 /A		GB 积 /MHz	转换速率 /(V/μs)	工作电压 /V	工作电流 /mA	公司	输入噪声密度 /(nV/√Hz) @1kHz
		典型	最大	典型	最大	典型	最大	典型	典型				
LM833	2	0.5	5	2		500n	1000n	15	7	±15	5	NS	4.5
NS5534A	1	0.5	4		23	500n	1000n	10	6	±15	4	PH	3.5
NE5532A	2	0.5	4		23	200n	800n	10	9	±15	8	PH	5
NJM2114	2	0.2	3			500n	1800n	13	15	±15	9	NJ	3.3
μPC4572	2	0.3	5			100n	400n	16	6	±15	4	NE	4
μPC815C	1	0.02	0.06	0.3	1.5	10n	55n	7	1.6	±15	3	NE	2.7
MAX412	2	0.12	0.25	1		80n	150n	28	4.5	±15	5	MA	1.8
MC33078	2	0.15	2	2		300n	750n	16	7	±15	4.1	MA	4.5
LT1126C	2	0.025	0.1	0.4	1.5	8n	30n	65	11	±15	5.2	LT	2.7
LT1124C	2	0.025	0.1	0.4	1.5	8n	30n	12.5	3.8	±15	5	LT	2.7
OP3270G	2	0.05	0.25	0.7	3	15n	60n	5	2.4	±15	4.5	AD	3.2
OP213F	2		0.15		1.5		600n	3.4	1.2	±15	4	AD	4.7
OP284F	2		0.175	0.2	1.75	80n	300n	4.25	4.5	±15	3.5	AD	3.9

图 8.16 为使用 AD797A 的可程控增益的放大电路。增益以 10 为单位递增来设定 0~60dB。当输入电阻 100Ω 和模拟开关的

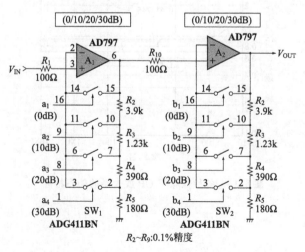

图 8.16 0~60dB 增益可调的放大电路($f = 1\text{MHz}$)

开启电阻时，输入噪声电压密度为 $2\sim3$ nV/$\sqrt{\text{Hz}}$。频率带宽为 DC$\sim$1MHz。

另外，当 AD797A 的增益为 1 时，这个电路必须加 100Ω 的电阻 R_1 和 R_{10}。在 AD797A 的数据图表上有所表示。

设定增益用的电阻 $R_2\sim R_9$ 必须有一定的精度要求。这里使用的精度为 0.1％的电阻。也可通过两个电阻串联而达到所需的阻值，此时，没必要两个都用 0.1％的电阻，例如，1.23kΩ 的电阻，完全可由精度 0.1％的 1.2kΩ 和精度 1％的 30Ω 来得到。

74 要求低噪声的电荷放大器电路

电荷放大器也称电荷感应放大器。其输出电压与传感器上的电荷成比例。电荷放大器的基本电路如图 8.17 所示。

当传感器上产生的电荷为 Q_S（库［仑］）时，这个电路的输出电压 V_{OUT} 为：

$$V_{OUT}=\frac{Q_S}{C_f} \tag{8.3}$$

由于放射线的能量与传感器的电荷成比例，所以，电荷放大器可应用于能量分析。

电荷放大器增益取决于反馈电容 C_f，大约为 1pF 左右的小电容，所以必须使用温度补偿型的陶瓷电容。CH 型（60ppm/℃）或 CG 型（30ppm/℃）也可以使用。

图 8.17(b) 给出了用 OP 放大器制作的电荷放大器。为了使 OP 放大器不饱和（没有 R_f，就不能成为积分电路，输出就变为饱和），直流电平稳定，使用反馈电阻 R_f 是必要的。还有，R_f 和 C_f 取决于低频截止频率 f_{CH}：

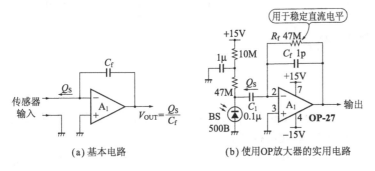

(a) 基本电路　　　　(b) 使用OP放大器的实用电路

图 8.17　基本的电荷放大电路

$$f_{\text{CH}} = \frac{1}{2\pi \cdot C_f \cdot R_f} \tag{8.4}$$

例如，根据式(8.4)，$C_f = 1\text{pF}$，$R_f = 47\text{k}\Omega$ 时，$f_{\text{CH}} \approx 3.4\text{kHz}$。所以，要注意比 f_{CH} 还低的频域中没有增益。

通常低噪声 OP 放大器主要以双极性输入型为主流。可是，双极性输入型的输入偏置电流大(当然，噪声电流也大)。所以，不适用于该用途，需使用低噪声的 FET 型。

图 8.18 给出了实际的低噪声电荷放大器，它是放射线传感器用的电路。图 8.19 给出了放射线传感器的外观和等价电路。从照片可看出，传感器的面积很大，电容 C_J 也大(2000pF 左右)，所以要求 FET 为低噪声特性。例如，由于选择 $C_f = 1\text{pF}$，故电路的噪声增益 G_N 为：

$$G_N \approx C_J / C_f$$
$$= 2000/1 = 2000$$

即输入噪声电压也增大 2000 倍。所以，一般电荷放大器的初级使用低噪声的 FET。

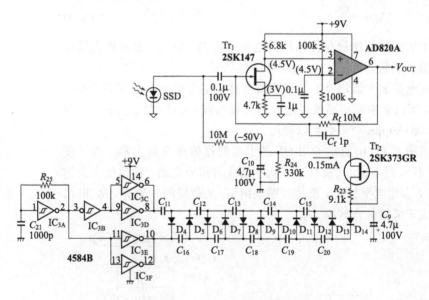

图 8.18 检测放射线的积分电路

FET 的栅极电流(相当于 OP 放大器的输入偏置电流)越小，反馈电阻 R_f 值就设得越大。

这个电路前级使用 FET 的 2SK147。其输入噪声电压密度为 $0.7\text{nV}/\sqrt{\text{Hz}}@10\text{mA}$。信号电荷多，其实不必要这么大的值，漏

(a) 平面绝缘型放射线传感器

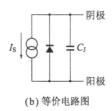

(b) 等价电路图

图 8.19 放射线传感器的构成[(株)(Raytech)]

极电流为 $(9V-4.5V)/6.8k\Omega=0.7mA$。

这时，由于 FET 的跨导 gm 约为 10mS(毫西[门子])，FET 的增益为 $6.8k\Omega\times10mS=68$ 倍。前级为 68 倍的增益，次级的 OP 放大器就不要求噪声特性了。使用通用 OP 放大器(双极输入型也可)完全可以。但是，因使用 9V 电池供电，考虑消耗电流的关系而选用 AD820A。

另外，根据图 8.19，由于传感器有电容 C_J，所以通常使用反向偏置。加入偏置电压可使 C_J 减小。由于该电路必须采用 $-50V$ 的偏置，电源电压又为 $+9V$，则需要倍压整流电路。

75 在大功率 MOS 驱动器中应使用带容性负载强的 OP 放大器

虽然功率 MOS FET 的额定值有所不同，但其都具有很大的栅极电容。像开关电源或 DC-DC 转换器那样作为开关的应用，并不担心振荡，但对线性工作时就要考虑振荡问题了。

例如，通常的 OP 放大器，当负载加有 100pF 时会发生振荡。而功率 MOS 管为 1000pF 以上的电容才会发生。与功率 MOS 管的栅极的静电电容和输出电流成比例增大。实际上我们需要即使接上电容也不会发生振荡的 OP 放大器。

根据第 7 章的介绍可知，市场上已有了即使是容性负载也不会振荡的高速 OP 放大器。这些 OP 放大器即使有无限大的电容也很稳定，故特别适合于功率 MOS FET 驱动器。

做一个实验，用 AD847 驱动 $1\mu F$ 的电容，输出没有尖峰脉冲而且稳定(见照片 8.1)。另外，功率 MOS 驱动器的转换速率的波形由 OP 放大器的输出电流决定。OP 放大器的输出电流 I_{OUT} 越

大负载电容越能快速充电,响应速度越快。这时的电压变化(即转换速率)dV/dt 表示为:

$$dV/dt = I_{OUT}/C_L \tag{8.5}$$

这里使用的 AD847 的输出电流 $I_{OUT}(\max)$ 约为 30mA,使 $1\mu F$ 的电容变化 5V 需 $170\mu s$。如果 MOS FET 的栅极电容为 $0.01\mu F$,响应时间则是 $1.7\mu s$,而 $0.1\mu F$ 的响应时间则是 $17\mu s$。

图 8.20 为使用功率 MOS FET 的稳流电路的示例。OP 放大器电源为浮动的,必须另外加电源,该电路的基准电压 $V_{REF}=2.5V$,工作时应满足 $R_1 \cdot I_{OUT}=2.5V$。例如,当 $R_1=1\Omega$ 时,则 $I_{OUT}=25A$。

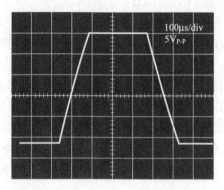

照片 8.1 高速 OP 放大器 AD847 驱动容性负载($C_L=1\mu F$)

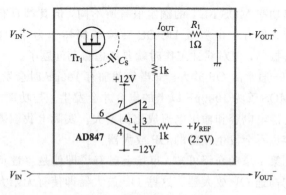

图 8.20 使用功率 MOS 的稳流电路

76 用单电源 OP 放大器制作加速度传感器电源的电路(3V/1.25A)

图 8.21 为应变加速度传感器的电源驱动电路。传感器是带有激励振荡产生的基准电源的传感器。由于电路能够连接数十个传感器，所以其最大输出电流必须达到 1.25A。电路自身构成了基本单元，故在此只介绍要点。

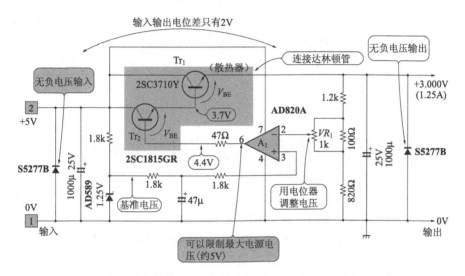

图 8.21 使用单电源共模的 OP 放大器得到 3V/1.25A 的电源电路

电路的工作电压为 +5V。然而，晶体管 Tr_1 和 Tr_2 的损耗电压只允许 2V。Tr_1 和 Tr_2(1.25A 的输出)为达林顿接法，这里的损耗电压为基极-发射极间的电压和(约 1.4V)与 Tr_2 的集电极-发射极间的饱和电压(0.3V 左右)之和。等于 1.4+0.3=1.7(V)，即在 2V 以内。

OP 放大器 A_1 的输出电压 3V 与 Tr_1 和 Tr_2 的集电极-发射极间的电压之和(约 1.4V)相加，3+1.4=4.4(V)，所以，输出电压必须大于该值。5V 的电源，输出 4.4V 的说法，对通用 OP 放大器来说是无道理的。AD820(包含 AD822 的一个回路)为共模输出，故该条件不存在。

晶体管 Tr_1 和 Tr_2，由于输出电流为 1.25A 比较大，故使用达林顿方式连接，增大 h_{FE} 倍。其结果，OP 放大器的输出电流(即 Tr_2 的基极电流)几乎没有。则，Tr_1 的消耗功率 P 为：

$$P=1.25A \times (5V-3V)=2.5W$$

可见，加散热器是必要的。

无负载时和最大电流输出时的电压变化受地线的影响大。若将地线加粗的话，波动可以限制在 0.1% 以内。

表 8.5 给出了 AD820A 的性能参数。

表 8.5 单电源 OP 放大器 AD820A 的性能参数

型　号	电路数	输入补偿电压 /mV		温漂 /(μV/℃)		输入偏置电流 /A		GB积 /MHz	转换速率 /(V/μs)	工作电压 /V	工作电流 /mA	公司	特征	输入噪声密度 /(nV/√Hz) @1kHz
		典型	最大	典型	最大	典型	最大	典型	典型					
AD820A	1	0.1	0.8	2		2p	25p	1.8	3	3—36	0.62	AD	RO	16

特征：RO：共模

77 使用低功耗 OP 放大器的高稳压源电路

使用传感器，就必须有高稳压源电路。这里介绍一种光电传感器用的偏压电源。输出 80V，电流为 0.1mA 左右。

首先讨论一下使用通用的三端稳压器作为电源 IC，由于耐压仅为 30V 左右，所以不能使用。如图 8.22 所示的电路，电路自身电流只有 50μA，这是该电路的优点。

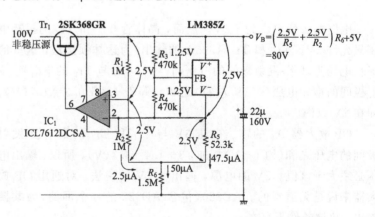

图 8.22 低功耗的高稳压源电路（80V/0.1mA）

还有，使用稳定的基准电源 IC，低功耗的 LM385Z。LM385Z 的性能参数如表 8.6 所示，其特点是最小工作电流不大

于 $7\mu A$。其中，该值在输出电压为 1.25V 时，使用图 8.22 所示的方法，输出电压可为 2.5V，电流大约为 $20\mu A$。R_3 和 R_4 上的各个电压约为 1.25V(OP 放大器控制 Tr_1)。其结果，R_5 的电压也为 2.5V。

表 8.6 低功耗基准电源 IC——LM385Z 的性能参数

基准电压	1.24V
温度系数	150ppm/℃max
电压可调范围	1.24～30V
最小工作电流	$7\mu A(V_R=1.24V)$
反馈电流	16nA

然而，R_6 流过的电流为 $2.5V/R_2=2.5\mu A$，与 $2.5V/R_5=47.5\mu A$ 之和为 $50\mu A$，输出电压为：

$$V_B=50\mu A \cdot R_6+5V \tag{8.6}$$

图 8.22 中，$R_6=1.5M\Omega$，根据式(8.6)，则 $V_B=80V$。Tr_1 使用高耐压的 2SK368。如果可能的话，应该选择耐压更高的器件。表 8.7 为 2SK368 的性能参数。

表 8.7 FET 2SK368GR 的性能参数

栅极-漏极间的电压	-100V
I_{DSS}	2.6～6.5mA
正向导纳	4.6mS
输入电容	13pF
反馈电容	3pF

然而，重要的是该电路如何实现功耗低而又高稳压。因此，OP 放大器采用低功耗的 COMS 的 OP 放大器 ICL7612。这个电路如图 2.16 所示，电源电流可 3 挡设定，这里设定为 $10\mu A$。

由于 ICL7612 和 LM385Z 的电路电流(约 $30\mu A$)流经 R_5，所以流过 R_5 的电流更大(这里约 $47.5\mu A$)。另外，由图 8.22 可知，OP 放大器的反相输入端(2 脚)与负电源(4 脚)相连接。因此，OP 放大器要求必须使用可以 0V 输入的单电源 OP 放大器。

当时考虑(7、8 年前)这个电路是比较完善的，但如果使用最近的低功耗 OP 放大器则会使电源的工作电流更小。

78 信号隔离时可使用隔离放大器

隔离放大器是将模拟信号的输入端与输出端实行电气隔离。多数目的是为了除去共模电压的噪声以保持稳定。隔离的方法可利用光电隔离或变压器，并期望CMRR非常大。而且，要制作性能较好电路的话，至少要耐1000V的同相电压。

可是，它也有缺点：一是为了达到高精度的隔离，多采用调制方式，从而噪声很大；二是价格高。

使用隔离放大器并不难。这里介绍一种隔离变压器AD208A。图8.23为放大器的构成。

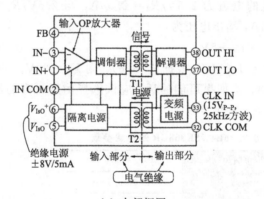

（a）内部框图

型　号	最大共模电压/V_{rms}	CMRR/dB	增益误差/%	输出电压/V	带宽/kHz	补偿电压/mV	补偿温漂/($\mu V/℃$)
AD208AY	750	100(G=1) 120(G=10)	−1(2.5max)	±5	4.0(G=1) 0.4(G=1000)	10+20/G	10+10/G

（b）电气性能的参数

图8.23 通用隔离放大器AD208的构成

图8.24为实验电路，由图可知，增益为1：1。AD208的FS（满量程）输出为±5V，输入电压也为±5V_{FS}。AD208的电源不需要其他电源供给，而通过15V的方波（25kHz，50%占空比）提供电源。由于电流约为10mA，所以该实验由方波振荡器来提供。

照片8.2为100Hz的正弦波输入时的输出波形，非常漂亮。

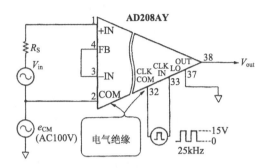

图 8.24 AD208AY 的 CMRR 特性测定实验

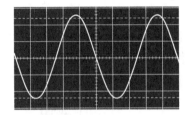

照片 8.2 AD208AY 的输出波形（±10V/f＝100Hz）

图 8.25 为实验得到的特性。图 8.25(a)为频率特性，当输入电压为 2.3V_{RMS}时，接近脉冲状态。图上可知，－3dB 时的频率约为 6.3kHz。图 8.25(b)为重要的 CMRR 特性，在 50Hz 至少有 110dB(增益为 1)，由此可知共模抑制的能力非常强。

还有，差动放大器的好坏可由 CMRR 衡量。隔离放大器的共模抑制比由 IMRR 表示。

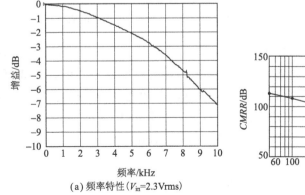

(a) 频率特性(V_{in}=2.3Vrms)

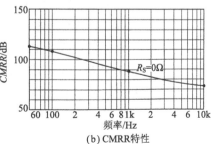

(b) CMRR特性

图 8.25 AD208AY 的特性

由图 8.23 可知,AD208 的最大共模电压为 $750V_{RMS}$。数千伏以上市场也有卖的。用隔离放大器对付共模噪声极其有效,价格约数千~数万日圆。因此,作者也很少使用,但如果价格便宜的话,很想使用这具有魅力的放大器。

79 使用低功耗 OP 放大器和光耦器件的电流耦合隔离放大器

4~20mA 的电流耦合计量器中常用的统一的电流互换信号。利用光电耦合和低功耗 OP 放大器,将电流耦合作用于隔离放大器,如图 8.26 所示。

在图 8.26 中,输入电流 I_{IN} 为发光管 PC_1(LED)流过的电流,LED 会产生压降(约 1~2V 左右)。如果 LED 有压降,就可以使 OP 放大器正常工作,隔离放大器就制成了。

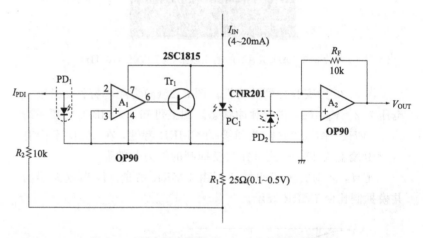

图 8.26 隔离放大器使用 4~20mA 的耦合电流

光电耦合器 PC_1 使用 CNR201(HP(株))。图 8.27 为 CNR201 的结构图。CNR201 内部含有一个发光二极管 LED 和一对光电接收管 PD_1 和 PD_2。该电路的光电接收的电流 I_{PD1} 与 LED 流出的电流成比例,光电流 I_{PD1} 等于($I_{IN} \cdot R_1/R_2$)时,电路稳定。从而放大器 A_1 受 LED 的电流控制。

令 $R_2 = 10k\Omega$,$R_1 = 25\Omega$,则

$$I_{PD1} = I_{IN} \cdot R_1/R_2$$
$$= I_{IN}/400 \tag{8.7}$$

PC_1 的效率为 $0.5\%(1/200)$ 左右,Tr_1 的电流为 4~20mA 的

一半 $2\sim 10\mathrm{mA}$。例如，当 $I_{\mathrm{IN}}=10\mathrm{mA}$ 时，PC_1 的电流为 $5\mathrm{mA}$，Tr_1 的电流为 $5\mathrm{mA}$。

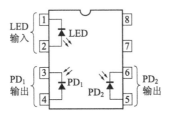

（a）CNR201 的管脚连接

增　益	温度系数 /(ppm/℃)	直流线形度 /%	电流传递比 /%	输入输出间的电容 /pF
0.1～1.05	−65	0.05max (5nA～50μA)	0.48	0.6max

（b）CNR201 的性能参数

图 8.27 光电精密耦合器 CNR201 的构成

光电耦合器的另一个光电接收管 PD_2 所流出的光电流为 I_{PD2}。由于 $I_{\mathrm{PD1}}\approx I_{\mathrm{PD2}}$（光电耦合器的特征为高精度耦合），OP 放大器 A_2 得到的 I_{IN} 与输出电压成正比。

这个电路必须用低功耗的单电源的 OP 放大器，这里使用 OP90。OP90 是可以输出 0V 的共模 OP 放大器。

该电路的结构简单，透光精度为 0.1%。但是，其缺点是发光管 PC_1 的效率仅为 0.5%，作为隔离放大器的重要的指标 IM-RR（绝缘型的共模电压除去率）也很小。

第9章
阻抗匹配和滤波电路的应用技巧

80 交流输入时通过阻抗匹配进行频率补偿是不可缺少的

制作输入放大器的前置放大器时，必须有恰当的波段转换。当输入电压低时，可使用编程增益放大器，当输入电压为数十伏以上时，通过阻抗匹配将信号电平衰减到适当的值。

图 9.1 为最常用的波段转换电路，通过开关 SW_1 转换，使用 $R_1 \sim R_3$ 的阻抗衰减变成 2V/20V/200V 的范围。2V 挡的输入电压 V_{IN} 直接接入 OP 放大器 A_1 的输入端，20V 挡的匹配阻抗衰减为 1/10，200V 挡的匹配阻抗衰减为 1/100。

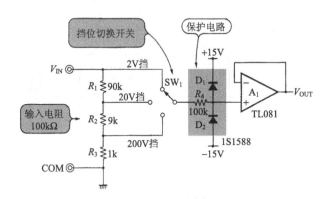

图 9.1　直流时使用阻抗匹配

输入信号为直流时电路没有问题，输入信号频率为 10kHz 以上时，精度变差。因为电路的输入电阻（$R_1 + R_2 + R_3 = 100\text{k}\Omega$）高，所以，按照图 9.2 在 OP 放大器的输入端加入电容，与二极管的极间电容一起构成低通滤波器，信号的频率高时被衰减。

图 9.3 为图 9.1 电路的频率特性曲线，2V 挡的特性最好。

这里使用 TL081 的 OP 放大器，为 FET 输入型通用 OP 放大器，100kHz 时输出下降为 -14%。FET 输入型 OP 放大器，输入电阻高，输入电容也大。

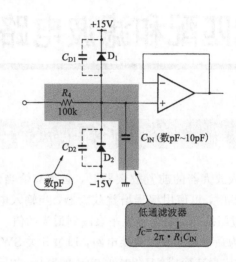

图 9.2　无输入电阻和输入电容的低通滤波器

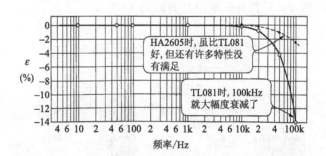

图 9.3　图 9.1 电路的频率特性

交流输入时为了使阻抗匹配更好地发挥作用，通常，如图 9.4 所示，阻抗匹配加入频率补偿电容 $C_1 \sim C_3$，补偿各种各样的频率特性。$C_1 \sim C_3$ 的值为数 pF~数十 pF，有固定电容和微调电容(如照片 9.1 所示)。这样的话，频率特性变得很好。匹配电阻为 10MΩ 或 100MΩ，或更高也没关系。

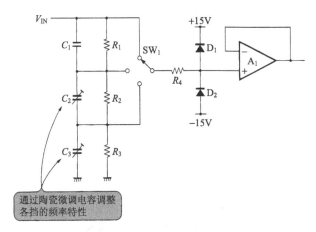

图 9.4 交流输入的阻抗匹配必须加频率电容补偿

照片 9.1 陶瓷微调电容

81 通过反相放大器构成阻抗匹配器

反相放大器的增益不仅可以大于 1，也可以小于 1。图 9.5 为通过反相放大器而实现阻抗匹配电路。

这个电路的增益有：

$$G_1 = -R_2/R_1 = -100\text{k}\Omega/100\text{k}\Omega = -1$$
$$G_2 = -R_3/R_1 = -10\text{k}\Omega/100\text{k}\Omega = -0.1$$
$$G_3 = -R_4/R_1 = -1\text{k}\Omega/100\text{k}\Omega = -0.01$$

因此，各测定范围为 2V/20V/200V。

假设 OP 放大器的频率特性为理想的，由于 A_1 的反相输入端为虚地（OP 放大器的两个输入极之间的电位差为零），所以，OP 放大器的输入电容的影响应减轻。实际上，如图 9.6 所示，

100kHz 时产生了 +4.3% 的误差。通过 OP 放大器的输入电容与反馈电阻消除极点，当这个峰值出现时 OP 放大器就会自激振荡。

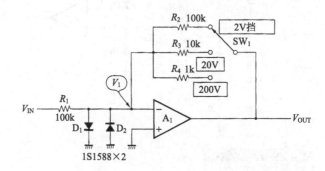

图 9.5 缓冲并匹配的反相放大器

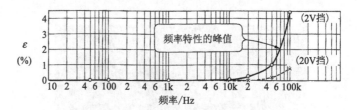

图 9.6 图 9.5 电路的频率特性

另外，根据照片 9.2 所示，100kHz（对通用 OP 放大器来说）的高频时打破虚地的关系。由于 OP 放大器的闭环增益的不足，将 OP 放大器改用高速型的话，会有所改善。因为高速 OP 放大器的输入电容小，如图 9.6 那样，峰值也很小。

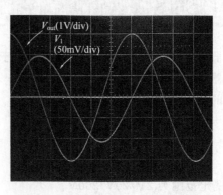

照片 9.2 f_{IN} = 100kHz 时的 TL081 的反相输入端的波形打破虚地关系

图 9.7 为比 TL081 的速度还高的 OP 放大器 HA2605 特性曲

线。100kHz 以内，所有波段的精度收敛于 1‰ 之内。HA2605 是很旧型号的 OP 放大器，当时要卖到 1000 日圆。而如今，比 HA2605 的性能好的高速 OP 放大器很便宜就可得到。例如，使用 OP275 等放大器就不错。

图 9.8 介绍了使用方便的高速 OP 放大器 LM318 的电路。连接反馈电阻和相位补偿电容（禁止自激振荡）。另外，开关 SW₁ 最好为 3 联动的波段开关。为了缩小开关的寄生电容，像图那样将不使用的开关接地。这样，防止了开关的寄生电容与反馈电阻并联。

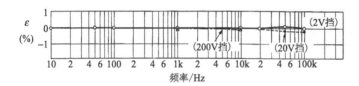

图 9.7 图 9.5 电路由高速 OP 放大器 HA2605 代替时的频率特性

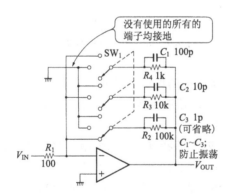

图 9.8 使用反馈型匹配器的 LM318

82 用固定阻抗来设计高频匹配器

1MHz 以上的高频信号，可简单的设计并制作 50Ω 或 75Ω 的固定阻抗匹配器。

图 9.9 为 50Ω 阻抗的匹配电路。再增加衰减量时，可根据图中的算式求得电阻 R_1 和 R_2。

高频匹配器可使用 T 形或 π 形（匹配器像 T 或 π 字那样），由于 T 形的阻抗小,作者喜欢用 π 形,可减小开关或配线电阻引起的误差。

- T 形计算公式

$$R_1 = \left(\frac{K-1}{K+1}\right) Z_0$$

$$R_2 = 2Z_0 \left(\frac{K}{K^2-1}\right)$$

其中,$K = \log^{-1}\dfrac{\text{ATT(dB)}}{20}$

- π 形计算公式

$$R_1 = \frac{Z_0}{2}\left(\frac{K^2-1}{K}\right)$$

$$R_2 = Z_0 \left(\frac{K+1}{K-1}\right)$$

其中,$K = \log^{-1}\dfrac{\text{ATT(dB)}}{20}$

电路形式	(T形) 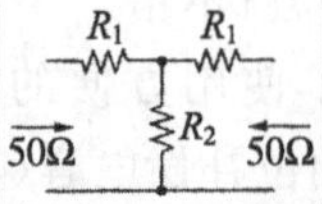		(π形) 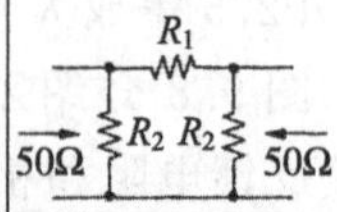	
衰减量	R_1/Ω	R_2/Ω	R_1/Ω	R_2/Ω
1dB	2.86	433	5.77	870
2dB	5.73	215	11.6	436
3dB	8.55	142	17.6	292
4dB	11.3	105	23.9	221
5dB	14.0	82.2	30.4	179
6dB	16.6	66.9	37.4	151
7dB	19.1	55.8	44.8	131
8dB	21.5	47.3	52.8	116
9dB	23.8	40.6	61.6	105
10dB	26.0	35.1	71.2	96.3
20dB	40.9	10.1	248	61.6
30dB	46.9	3.17	790	53.3
40dB	49.0	1.00	2500	51.0

这里使用

图 9.9 50Ω 阻抗的匹配器

图 9.10 为实际中的匹配器的构成。图 9.10(a)为 T 形匹配器,图 9.10(b)为 π 形匹配器。用 50Ω 阻抗计算,75Ω 的阻抗时的电阻值为 75Ω/50Ω＝1.5 倍。

固定阻抗式匹配的特点是可以像串红薯似的将各匹配单元连接起来。图 9.10,通过联动开关或高频断电器,连接两个分别为 10dB 和 20dB 的匹配单元,每挡 10dB,可衰减 0～30dB。

另外,衰减量超过 30～40dB 时,由于输入输出之间的寄生电容,从而得不到所需的衰减量。频率越高越明显,应予以注意。

信号频率超过数十 MHz 的情况时,最好用铝板或铜板将匹配器单元屏蔽起来。

图 9.11,使用波段开关的 75Ω 匹配电路。输入频率 10MHz 左右,使用小型波段开关 MR3-4(3 波段 4 接点,(株)Fujisoku 制作)。另外,波段开关内含有接地端,未连接地以外的端子接地。从而有效地减轻寄生电容带来的影响。MR3-4S 类型的开关在其型号的后面都带一个 S。照片 9.3 为带有接地端子的波段开关。

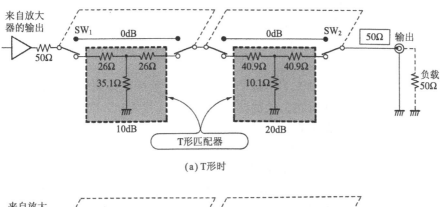

(a) T形时

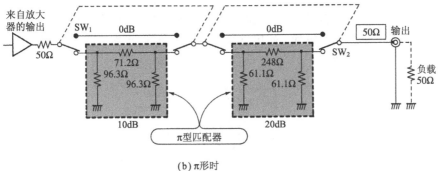

(b) π形时

图 9.10 30dB 匹配器的构成

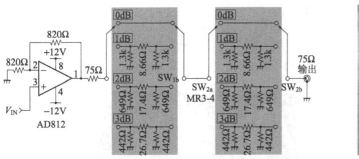

图 9.11 使用波段开关的匹配器

照片 9.3 带有接地端子的波段开关[(株)Fujisoku 制作 MR3-4]

83 使用正反馈电路进行动态高通滤波

滤波器是用来滤去信号中不需要的噪声成分,对数十 kHz 的信号滤波常用 OP 放大器动态滤波。

　　动态滤波器电路有各种各样的类型，常见的有：①多重反馈型电路；②正反馈型电路。

　　但是，多重反馈型不用于高通滤波电路（低通滤波是没有问题的）。

　　请看图 9.12，这个电路是用多重反馈型制作的截止频率为 $f_C = 100\text{Hz}$ 的高通滤波器。照片 9.4 可看出，该电路的输出波形有很大的失真。

　　图 9.12 所示，对高频来说，由于使用容抗很低的电容 $C_0 = 0.1\mu\text{F}$，所以，使其波形变得很乱。例如，计算 $0.1\mu\text{F}$，100Hz 的阻抗，约为 16Ω。这么低的阻抗必须由 OP 放大器 A_1 来驱动。当然，C_0 的值减小 $1/10$，阻抗增大 10 倍，OP 放大器的负担就减轻了。由此可知，使用高通滤波时最好使用图 9.13 所示的正反馈型电路。

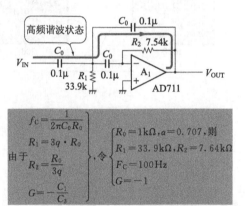

图 9.12　根据多重反馈型制作高通滤波器的结构

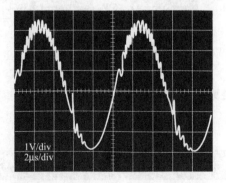

照片 9.4　高频时的失真波形（$f = 100\text{Hz}$）

　　图 9.13 为用正反馈型制作的 $f_C = 100\text{Hz}$ 的高通滤波电路。

由于这个电路 OP 放大器通过电阻 $R_2 = 11.3\text{k}\Omega$ 与电容 C_0 相连接，与多重反馈型相比，不会叠加有高频谐波。照片 9.5 为图 9.13 的输出波形。

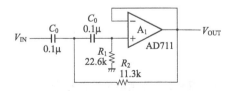

$$f_C = \frac{1}{2\pi C_0 R_0}$$

由于
$$R_1 = 2q \cdot R_0$$
$$R_2 = \frac{R_0}{2q}$$
$$G = 1$$

，令
$$\begin{cases} R_0 = 16\text{k}\Omega, \alpha = 0.707, 则 \\ R_1 = 22.6\text{k}\Omega, R_2 = 11.3\text{k}\Omega \\ f_C = 100\text{Hz} \\ G = 1 \end{cases}$$

图 9.13　根据正反馈型制作高通滤波器的结构

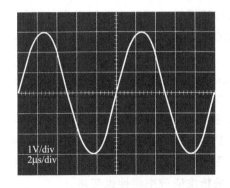

照片 9.5　图 9.13 的输出波形（$f = 100\text{Hz}$）

所以说，即使平时经常使用的电路，由于应用条件的不同，也有不适合的地方，应特别注意。

84 多重反馈型带通滤波器的 Q 值不能太大

带通滤波器可以将有用的信号抽出来。其电路种类很多，应有尽有。但它们分别都有各自的特点，应用时要注意区分。

图 9.14 给出了带通滤波器的频率特性。由图可知，只有频带域范围以内的信号可以通过。

f_0 为带通滤波器的中心频率。一般，增益为 -3dB 的频率为 f_U 和 f_L，则

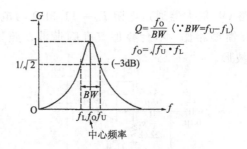

图 9.14 带通滤波器的 f_0 和 Q

$$f_0 = \sqrt{f_U \cdot f_F}$$

另外，Q 为：

$$Q = f_0/BW$$

其中，BW 为 $-3\mathrm{dB}$ 时的带宽：

$$BW = f_U - f_L$$

通常见到的带通滤波器为多重反馈型滤波器，如图 9.15 所示。这个电路的最大特点是只有一个 OP 放大器，但是，该电路的 Q 值不大。

图 9.15 电路的中心频率 f_0 的增益为 A_{f0}：

$$A_{f0} = 2Q^2 \tag{9.1}$$

由此可知，Q 值越大，增益也越大。例如，$Q = 10$ 时，$A_{f0} = 200$。

现实中由于存在的问题很多，通常如图 9.16 所示，输入端加入匹配电路。虽然增益可以达到 1，但由于加入了匹配器，会使 S/N 变坏，f_0 的精度或频率特性也变坏。

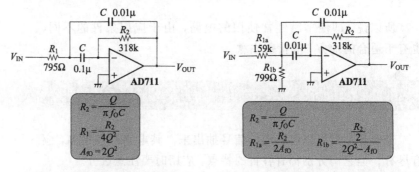

图 9.15 多重反馈型滤波器
($Q=10$, $f_0=1\mathrm{kHz}$, $A_{f0}=200$)

图 9.16 多重反馈型滤波器加入匹配器

图 9.17 为图 9.16 电路的频率特性曲线其中的 $Q=10$，考虑到 Q 值和 f_0 的精度，Q 值的允许范围也就这么大了。

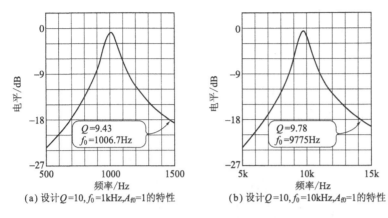

(a) 设计$Q=10$, $f_0=1$kHz, $A_{f0}=1$的特性　　　(b) 设计$Q=10$, $f_0=10$kHz, $A_{f0}=1$的特性

图 9.17　图 9.16 电路的带通滤波器的频率特性

85　当 Q 值较大时，带通滤波器使用双重截止型滤波器

用多重反馈型构成 Q 值大的带通滤波器很难，如果制作 Q 值大的带通滤波器，可使用如图 9.18 所示的双重截止型滤波器。这个电路的 f_0 精度很高，Q 值也大。如果是低频，Q 值可达 100 以上。

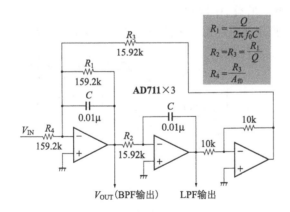

$$R_1 = \frac{Q}{2\pi f_0 C}$$

$$R_2 = R_3 = \frac{R_1}{Q}$$

$$R_4 = \frac{R_3}{A_{f0}}$$

图 9.18　带通滤波器效果的高频截止滤波器（$Q=10$, $f_0=10$kHz, $A_{f0}=1$）

双重截止滤波器由三个 OP 放大器构成。虽然有点奢侈的感觉，但它有一个重要特征，即中心频率 f_0 的增益 A_{f0} 不受 Q 值与 f_0 的影响。与多重反馈型不同，在多重反馈型中，Q 值决定了增益 A_{f0}，很不方便。

可是，由于使用三个 OP 放大器不太适用于高频，高频时，Q 值比设计值大。

图 9.19 为构成双重截止滤波器的带通滤波器的特性曲线。像图 9.19(c)那样，设计 $f_0=1\text{kHz}$ 的 $Q=100$ 时，得到与设计值相当的 $Q=99.6$ 的特性曲线。但是，$f_0=10\text{kHz}$ 时，像图 9.19(b)那样，Q 等于 10 虽然小，但 $Q=11.1$ 的话，则会产生 10% 的误差。

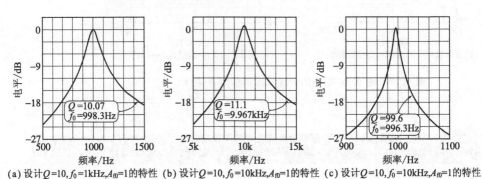

(a) 设计$Q=10,f_0=1\text{kHz},A_{f0}=1$的特性 (b) 设计$Q=10,f_0=10\text{kHz},A_{f0}=1$的特性 (c) 设计$Q=10,f_0=10\text{kHz},A_{f0}=1$的特性

图 9.19 图 9.18 带通滤波器的特性曲线

所以，双重截止型滤波器不适合高频，作者用两个 OP 放大器构成带通滤波器电路，如图 9.20 所示，最好使用傅里叶变换电路。这个电路增益 A_{f0} 固定为 2dB 或 6dB，因为只有两个 OP 放大器，故可以使用的频率比双重截止型要高。Q 值也有数百，很实用。

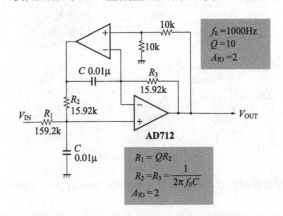

图 9.20 用两个 OP 放大器构成的带通滤波器

图 9.21 为图 9.20 带通滤波器的频率特性曲线。像图 9.21(b)那样，$f_0=10\text{kHz}$ 时，$Q=10.02$，与设计值相当。设计 $f_0=$

1kHz，$Q=100$，则得到 $Q=97.7$，而双重截止型是做不到的，而且误差也被限制在个位数百分比以下。

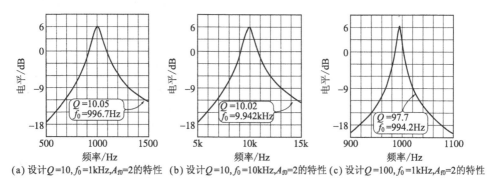

(a) 设计 $Q=10$，$f_0=1$kHz，$A_{f0}=2$ 的特性　(b) 设计 $Q=10$，$f_0=10$kHz，$A_{f0}=2$ 的特性　(c) 设计 $Q=100$，$f_0=1$kHz，$A_{f0}=2$ 的特性

图 9.21　图 9.20 带通滤波器的特性曲线

86 ◆ 可变状态型滤波器与双重截止型滤波器的区别

图 9.18 表示了双重截止型滤波器，还有一种与双重截止型在结构上十分相似，被称为可变状态型滤波器。两者有什么区别呢？

图 9.22 列出了可变状态型和双重截止型滤波器的各种电路。无论可变状态型还是双重截止型都使用了 3 个 OP 放大器，2 个电容，6、7 个电阻，几乎没有什么变化。滤波器的性能上也没有发现大的差异。但是，根据设计滤波器的种类则有不同的应用。

▶带通滤波器的情况

带通滤波器适合于图 9.22(a) 的可变状态型 1（反相输入）或图 9.22(c) 双重截止型。这个电路的带通滤波器的输出增益为 1，而低通滤波器的增益 $1/Q$，使用带通滤波器没有问题。

有人问，使用可变状态型与双重截止型哪个好。这是一个喜好的问题，由于 Q 值和 R_5 是可设定的，f_0 可相对独立改变，所以，当希望 f_0 可变时，适合于可变状态型。

为了使 f_0 可变，电阻 R_6 和 R_7 必须同时可变。即使使用双联动的电位器也没关系，市场上有滤波模块，如图 9.23 特性曲线所示，使用 CdS 的光耦器件取代电阻 R_6 和 R_7。

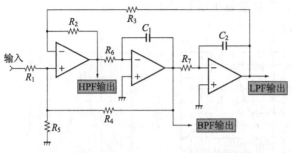
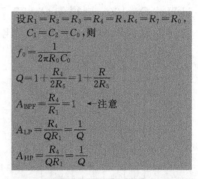

设 $R_1=R_2=R_3=R_4=R$, $R_6=R_7=R_0$,
$C_1=C_2=C_0$, 则

$$f_0=\frac{1}{2\pi R_0 C_0}$$

$$Q=1+\frac{R_4}{2R_5}=1+\frac{R}{2R_5}$$

$$A_{BPF}=\frac{R_4}{R_1}=1 \quad \leftarrow 注意$$

$$A_{LP}=\frac{R_4}{QR_1}=\frac{1}{Q}$$

$$A_{HP}=\frac{R_4}{QR_1}=\frac{1}{Q}$$

(a) 可变状态型1(同相输入的情况)

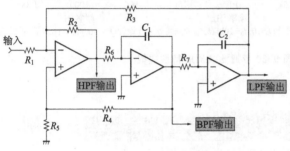
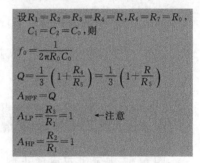

设 $R_1=R_2=R_3=R_4=R$, $R_6=R_7=R_0$,
$C_1=C_2=C_0$, 则

$$f_0=\frac{1}{2\pi R_0 C_0}$$

$$Q=\frac{1}{3}\left(1+\frac{R_4}{R_5}\right)=\frac{1}{3}\left(1+\frac{R}{R_5}\right)$$

$$A_{BPF}=Q$$

$$A_{LP}=\frac{R_3}{R_1}=1 \quad \leftarrow 注意$$

$$A_{HP}=\frac{R_2}{R_1}=1$$

(b) 可变状态型2(反相输入的情况)

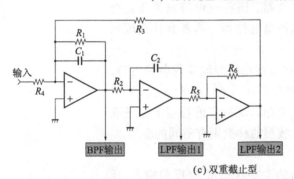

设 $R_1=R_4$, $R_5=R_6$, $R_2=R_3=R_0$,
$C_1=C_2=C_0$, 则

$$f_0=\frac{1}{2\pi C_0 R_0}$$

$$Q=\frac{R_1}{R_0}$$

$$A_{BPF}=\frac{R_1}{R_4}=1 \quad \leftarrow 注意$$

$$A_{HP}=\frac{R_3}{R_4}=\frac{R_0}{R_4}=\frac{1}{Q}$$

(c) 双重截止型

图 9.22 可变状态型与高频截止型的差异

一方面, 由于双重截止型的 Q 值设定后, 中心频率 f_0 取决于 R_0, 所以, Q 值与 f_0 独立地设定是很困难的。所以有一种说法, 双重截止型适合于固定 f_0。当然, 通过 C_1 和 C_2 来设定频率时是没有限制的。使用可变电容(例如, 使用两个连动变容器)是很困难的。

▶ 低通滤波器或高通滤波器的情况

有低通滤波器和高通滤波器的场合, 一般是图 9.22(b)的可变状态型。理由是通过频带的增益为 1。可变状态型的带通滤波器也同样, f_0 是可变的。当然, 同样带通滤波器的 Q 值与 f_0 可以独立设定。

图 9.22(c)是双重截止型连接低通滤波输出，遗憾的是没连接高通滤波输出。如果增加一个 OP 放大器，则可以制作高通滤波器，但如果那样做还不如使用图 9.22(b)可变状态型。

另外，由于双重截止型的所有 OP 放大器的同相端接地，所以，期待着共模电压的影响变小而低失真。

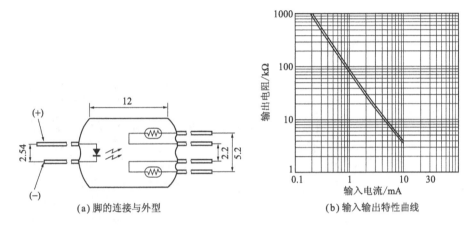

(a) 脚的连接与外型   (b) 输入输出特性曲线

图 9.23 利用 CdS 光电耦合器 MCD-7223F((株)MORIRICA 制作)取代双连动可变电阻的示例

87 噪声分析中使用 1/3 通频带滤波电路

1/3 通频带滤波电路应用于噪声计和振动测量仪等的带通滤波器。这里考虑测量半导体噪声所用滤波的 OP 放大器。通过带通滤波器，可测量中心频率的频带范围内的电压电平。

用带通滤波器测定多个频率的时侯，中心频率以"$2^{1/3}=1.26$ 倍"依次排列。倍频（2 倍）的频率被分为 3 等分（Q 值一定时）。如图 9.24 所示。

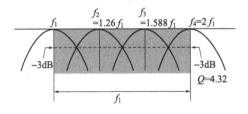

图 9.24 1/3 通频带滤波

对于滤波器的特性，为了达到最大平坦特性，即通频带特性，这里以如图 9.25 所示的 1/3 通频带滤波电路为例（3 级，$f_0 = 1024\text{Hz}$，$Q = 4.32$）。图 9.26 为正反馈型 2 次（1 级）带通滤波器。根据图 9.27 的 3 级构成 3 段。

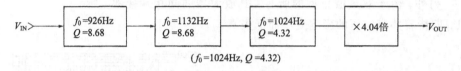

$$(f_0 = 1024\text{Hz}, Q = 4.32)$$

图 9.25 带通滤波器的通频带特性的 f_0 和 Q 值

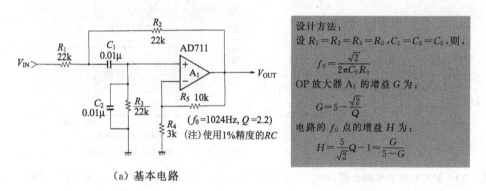

（a）基本电路

设计方法：
设 $R_1 = R_2 = R_3 = R_0$，$C_1 = C_2 = C_0$，则
$$f_0 = \frac{\sqrt{2}}{2\pi C_0 R_0}$$

OP 放大器 A_1 的增益 G 为：
$$G = 5 - \frac{\sqrt{2}}{Q}$$

电路的 f_0 点的增益 H 为：
$$H = \frac{5}{\sqrt{2}}Q - 1 = \frac{G}{5-G}$$

$R_{1A} = HR_1$
$R_{1B} = H/(H-1)R_1$

H：f_0 点的增益

（b）增益为 1 的电路

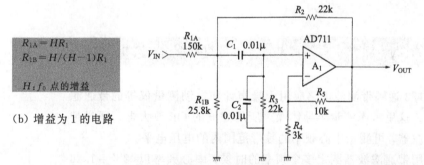

注：R_{1B} 是将 24kΩ 和 1.8kΩ 串联成 25.8kΩ 来使用的

图 9.26 正反馈型带通滤波器的构成

图 9.28 为各种滤波器的特性。只有第三级的滤波增益变大，图 9.25 所示，该级的增益为 4.04。图 9.29 为图 9.27 的电路特性（使用 1% 精度的 RC）。通频带显现出降低了 1dB 的凸凹，所以需要调整。这里的第一级与第二级的 f_0 与增益 H 经过微调，得到图 9.30 那样平坦的通频带。图 9.31 为宽频带特性。

为了保持正反馈型 f_0 的增益，图 9.26(b) 在输入端接入各种各样的匹配电路。所以，该电路得不到良好的特性。

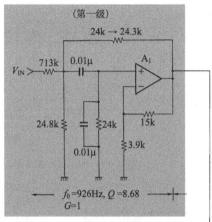

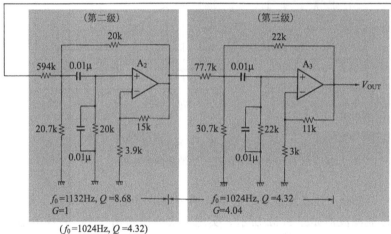

图 9.27 具有通频带特性的带通滤波器的构成

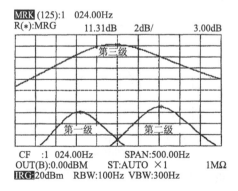

图 9.28 图 9.27 电路中带通滤波器特性

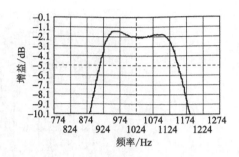

图 9.29 图 9.27 电路中带通滤波特性（调整前）

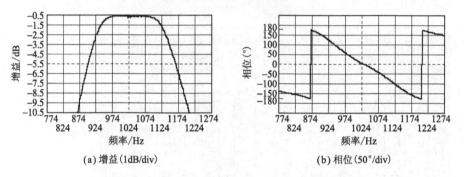

(a) 增益(1dB/div)　　　　　　　　(b) 相位(50°/div)

图 9.30 图 9.27 电路中调整后的带通滤波特性

　　然而，比正反馈型的性能好的带通滤波电路，可变状态型的带通滤波器如图 9.32 所示。实现 2 次滤波须用三个 OP 放大器，其特性比正反馈型要好。可是，为了正确地制作高次滤波器，各个阶次必须正确而不变化，与正反馈型相比，容易调整（这也是很大的优点），但还是实现不了无调整。

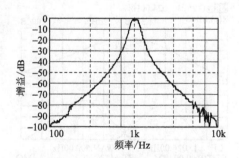

图 9.31 显示图 9.30 的滤波器的宽带域

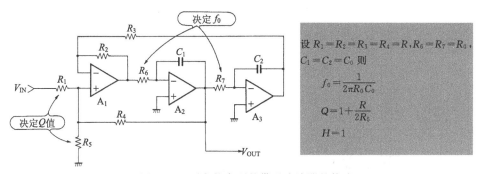

图 9.32 可变状态型的带通滤波器的构成

88　高次滤波采用模拟 *LC* 型是有效的

　　OP 放大器的性能的提高，低频领域内大部分的滤波器，都可通过有源滤波来实现。可是，实现准确的带通滤波，还得使用 *LC* 滤波。有源滤波模块单元为 2 次过滤器，实现高次滤波要求各段的滤波要有相当的精度。

　　LC 滤波与 2 次模块单元没有区别，而好像梯子似的一级级连接起来。所以，即使 *LC* 值有少许的偏差，经过相互补偿，通频带的电平不会有太大变化。然而，电感的外型体积大，性能差，应尽可能不使用。

　　但请放心，不使用电感的方法是有的，其被称为模拟 *LC* 型滤波器。

　　实现模拟 *LC* 型滤波器是因为有 FDNR(Frequency Dependent Negative Resistance，对应频率负阻抗)。根据图 9.33 可制作 FDNR 电路。

　　图 9.33(a) 电路被称为阻抗变换电路(General Impedance Converter)，简称 GIC 电路。GIC 电路的阻抗 Z_x 为：

$$Z_x = \frac{Z_1 \cdot Z_2 \cdot Z_5}{Z_2 \cdot Z_4} \tag{9.2}$$

如图 9.33(b) 所示配置电阻或电容，其阻抗变为：

$$Z_x = -\frac{-R_5}{\omega^2 \cdot C_1 \cdot C_3 \cdot R_2 \cdot R_4} \tag{9.3}$$

　　由式(9.3) 可看出，阻抗与角频率的平方(ω^2) 成反比，并加一个符号"—"，即为负阻抗因子。用 OP 放大器设计出的一种特别元件，被成为 D 元件，是与电阻 R、电容 C 和电感 L 有区别的。

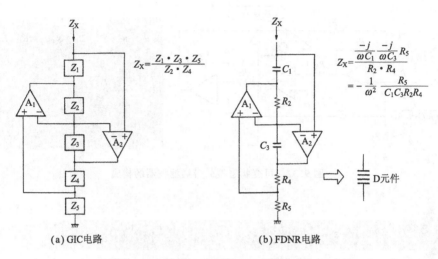

$$(a)\,GIC电路 \qquad\qquad (b)\,FDNR电路$$

图 9.33　模拟 LC 型的 GIC 电路和 FDNR 电路

使用 D 元件，可方便的制作出模拟 LC 型的高性能滤波电路。

但是，它也有缺点，与通常的有源滤波相比，输入电压减小 1/3。为了保持 OP 放大器 A_1 和 A_2 的增益，这就意味着其动态范围要缩小 10dB。

由于通用 OP 放大器的噪声电压密度超过 $30\mathrm{nV}/\sqrt{\mathrm{Hz}}$，如果允许的话，请使用低于 $10\mathrm{nV}/\sqrt{\mathrm{Hz}}$ 的 OP 放大器。

89　无需调整的 1/3 通频带滤波电路

实际上，FDNR 在高次滤波的时候很有效。特别在带通滤波中很有效。模拟 LC 型滤波器的基本构成与 LC 滤波器相同。

制作 LC 滤波器时，有关低通滤波器等常数，在专门滤波器的书上是可以查到的。假如知道了低通滤波器的常数，就可以变换成如图 9.34 所示的带通滤波器。但是，图 9.34(b) 的元件的数量为低通滤波器的 2 倍。图 9.34(c) 为电容的结合型，省掉了一个电感。

图 9.35 给出了 6 次带通滤波的通频带特性示例。

图 9.35(a) 是电容耦合型 6 次（3 次对）带通滤波的基本电路。由于 LC 值为标准值，最终必须与中心频率和使用元件的常数标定成一致。

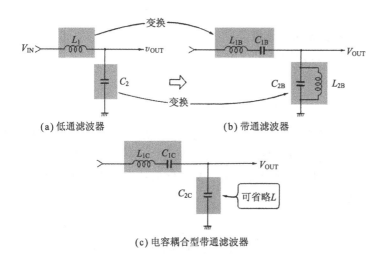

(a) 低通滤波器　　　　　　(b) 带通滤波器

(c) 电容耦合型带通滤波器

图 9.34　*LC* 低通滤波器变成带通滤波器

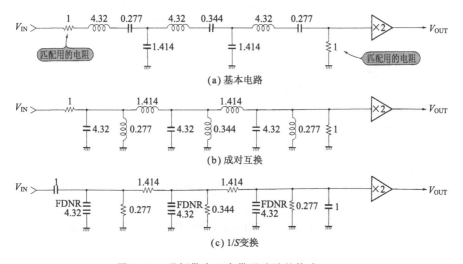

(a) 基本电路

(b) 成对互换

(c) 1/*S* 变换

图 9.35　通频带为 6 次带通滤波的构成

决定了 *LC* 常数，电路也就完成了。首先进行了成对互换，如图 9.35(b)所示。所谓成对互换就是置换工作：

- 电感换成电容，电容换成电感。
- 串联电路换成并联电路，并联电路换成串联电路。

成对互换去掉电感的前期工作，并没有很难的计算。

图 9.35(C)被称为 1/*S* 变换。电路取消了电感 *L*，增加了新的 FDNR 元件。FDNR 可根据图 9.36，制作 OP 放大器。

最后进行标定，首先决定电容 C 的容量。这里 $C_0=0.01\mu\mathrm{F}$，此时的电容为同一类型。

其次，决定阻抗值。由于电容 $C_0=0.01\mu\mathrm{F}$，此时，中心频率 $f_0=1024\mathrm{Hz}$ 的阻抗 Z_C 为：

$$Z_C=\frac{1}{2\pi f_0 \cdot C_0} \tag{9.4}$$

约为 $15.55\mathrm{k}\Omega$，其值是各个电阻的标称值相乘。这就是定标，图 9.36 为定标后的电路。图 9.37 为图 9.36 带通滤波特性曲线。无调整(CR 使用 1‰的精度)可得到极好的特性。这就是模拟 LC 型滤波的特点。

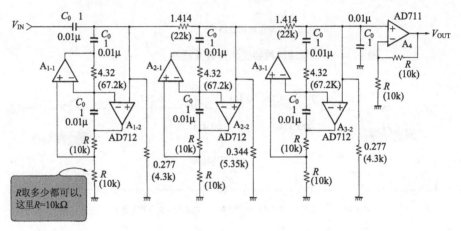

$$\begin{cases} \text{令 } C_0=0.01\mu\mathrm{F}，\text{则} \\ Z_C=\dfrac{1}{2\pi f_0 \cdot C_0}=\dfrac{1}{2\pi 1024\times0.01\times10^{-6}}=15.55(\mathrm{k}\Omega) \end{cases}$$

所以，各电阻的数值加 15.55 $\mathrm{k}\Omega$，成为最后的系数($f_0=1024\mathrm{Hz}$, $Q=4.32$)

图 9.36 通过 FDNR 组成的通频带特性的 6 次带通滤波器

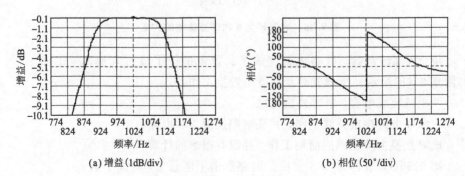

(a) 增益(1dB/div)　　(b) 相位(50°/div)

图 9.37 图 9.36 带通滤波特性曲线

　　但是，由图 9.38 的宽频带特性曲线可知对高频衰减很大，相反，低频衰减不大。这就是去掉电感的电容耦合型的特性（图 9.35(a) 串联共振型或并联共振型，在低频时衰减变大）。另外，相位特性如图 9.35(b) 所示，中心频率 f_0 偏移 180°（有可能与增益 -1 的反相 OP 放大器相吻合）。

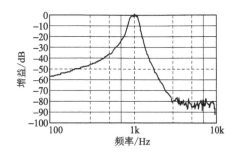

图 9.38　图 9.36 带通滤波器的宽频带特性

　　综上所述，由于通过频域内的模拟 LC 型滤波的电平变动非常小，是无调整化不可缺少的电路。

第 10 章
非线性 OP 放大器的应用技巧

90 通过齐纳二极管限制输出

设计传感器或测量仪的电路时,要与对方接口,有时必须限制输出电压。很简单的电路,如图 10.1 所示,使用的是齐纳二极管。

在这个电路中,电阻 R 为流过齐纳二极管电流的限流电阻。图 10.1(a) 或 10.1(b),被限制的输出电压 V_{OUT} 为(齐纳电压 V_Z)＋(齐纳二极管的同相电压 V_F)。例如,使用 05AZ6.2 齐纳二极管时,最大输出电压 $V_{OUT}(max)$ 为:

$$V_{OUT}(max) = V_Z + V_F$$
$$= 6.2 + 0.6 = 6.8(V) \tag{10.1}$$

但是,由于图 10.1(a) 电路中的电阻 R 成为输出电阻,所以,

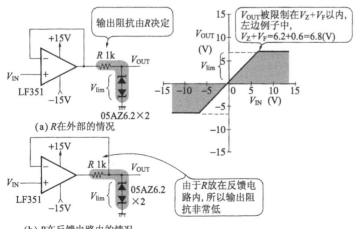

(a) R 在外部的情况

(b) R 在反馈电路内的情况

图 10.1 使用齐纳二极管的限幅器电路(1)

使对方的输入阻抗降低,从而产生误差。由此,通常把电阻 R 放在 OP 放大器的反馈回路内,输出阻抗约为零,如图 10.2 所示。

另外,请参考如图 10.2 其他的限幅电路。但是,图 10.1 和图 10.2 所给出的电路,限幅器的限幅不平,在某些应用上有缺点。

图 10.3 为高速限幅电路。输出波形的比较,如照片 10.1 所示。如照片 10.1(b)所示,即使 100kHz 时限幅也很漂亮。

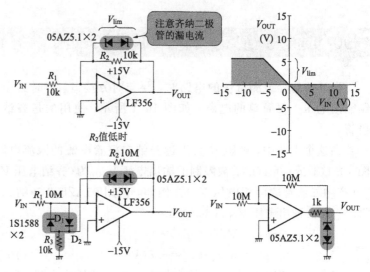

图 10.2 使用齐纳二极管的限幅器电路(2)

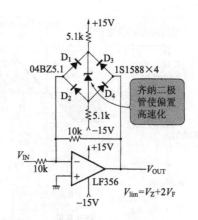

图 10.3 齐纳二极管使限幅电路高速化

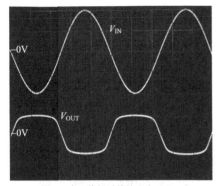
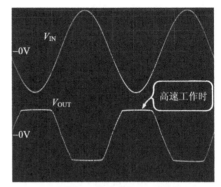

(a) 图10.2中R_2值低时的输出（f=1kHz）　　　　(b) 图10.3的输出（f=100kHz）

照片 **10.1**　限幅器波形的比较

91　在电压输出端正确使用限幅器

　　使用齐纳二极管的限幅电路具有简单的特点，但限幅的精度不是很高。稍好一些的限幅电路如图 10.4 所示。这个电路的特点是使用 OP 放大器代替齐纳二极管，其速度低，但限幅精度高。

　　图 10.4(a) 为上部限幅器电路。当输入电压 V_{IN} 小于上部限幅电压 V_H 时，由于 OP 放大器 A_2 的输出为"H"（接近正电源会引起振荡），二极管 D_1 截止。其结果，OP 放大器的输出与 V_{OUT} 分开，变为 $V_{OUT}=V_{IN}$。

　　V_{IN} 大于 V_H，即 $V_{IN}>V_H$ 时，A_2 输出为"L"（接近负电源会引起振荡）。其结果，二极管 D_1 导通，OP 放大器 A_2 构成同相电路，故 $V_{OUT}=V_H$。输出电压被限制为 V_H。

　　图 10.4(b) 为下部限幅电路，与上部限幅电路相反。当输入电压 V_{IN} 小于下部限幅电压 V_L 时，即 $V_{IN}<V_L$，二极管 D_1 导通，V_{OUT} 被限制为 V_L。

　　图 10.5 给出设定正负限幅电压的实际电路。在 OP 放大器的输入电压范围内，自由地设定上限电压 V_H 和下限电压 V_L。照片 10.2 为图 10.5 电路的输入输出波形。当设定 $V_H=5V$，$V_L=-5V$ 时，输出电压被限制在设定值±5V 之内。

　　记录仪等设备记录输出电压的测量值时，通过正确的限幅，可防止记录仪超量程使用。

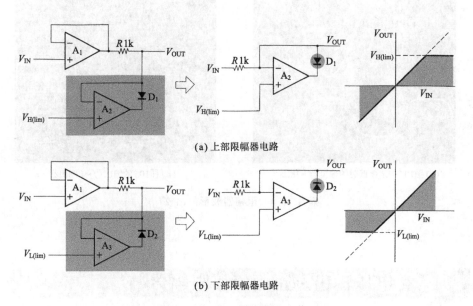

(a) 上部限幅器电路

(b) 下部限幅器电路

图 10.4 正确的限幅器的工作原理

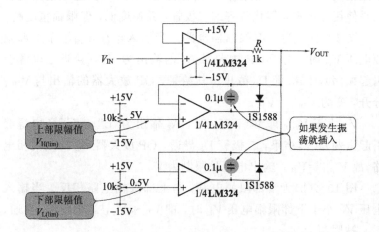

图 10.5 可以任意设定正负电压的限幅器

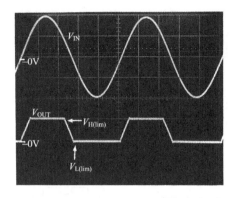

照片 10.2 图 10.5 限幅电路的输入输出波形

92 高速限幅电路使用具有限幅功能的高速 OP 放大器

图 10.5 给出了使用 OP 放大器的限幅器，限幅的精度很好，但缺点是因为使用了 OP 放大器速度变低。高速时采用高速 OP 放大器来代替也是个方法，最近有高速 OP 放大器内藏有限幅电路，推荐使用它。

图 10.6 给出 AD8036A(模拟器件公司制造)的结构图。图 10.6(b)可看出 OP 放大器的内部有一开关 S，上限电压 V_H 在第 8 脚接入，下限电压 V_L 在第 5 脚接入。输入电压 V_{IN} 的范围在 V_L ~V_H 内，OP 放大器可以工作。

当输入电压 $V_{IN} > V_H$ 时，开关 S 将 A(输入电压 V_{IN})断开，选择 B(上限电压 V_H)。结果，输出电压 V_{OUT} 不会超过 $V_H(V_H$ 一定)。反之，当输入电压 V_{IN} 大于 V_L 时，开关 S 接通 C(下限电压 V_L)。结果，输出电压 V_{OUT} 不低于 $V_L(V_L$ 一定)。

由此，ADF8036A 可以对输出电压进行箝位。而且，该 IC 的特点是可以完成很高速的箝位，精度可达 3mV(最大 10mV)，非常优秀。另外，图 10.6(d)在箝位电压附近多少有些倾斜，箝位电压的频率带宽有 240MHz，可应用于绝对值电路或频压转换电路等。

绝对值电路如图 10.7 所示，仅用一个器件就构成了绝对值电路，如果允许波形失真的话，信号可工作在 10~20MHz。

图 10.7 为增益为 -1 的反相放大器电路。其特点是下限电压接在输入电压 V_{IN} 上。当 V_{IN} 为负时，由于 $V_L = V_{IN}$，箝位不起

型　号	电路数	输入补偿电压 /mV		温漂 /(μV/℃)		输入偏置电流 /A		二次失真 /dBc @2V_{P-P} 20MHz	转换速率 /(V/μs)	工作电压 /V	工作电流 /mA	公司	特征
		典型	最大	典型	最大	典型	最大	典型	典型				
AD8036A	1	2	7	10		4μ	10μ	−66	1200	±5.0	20.5	AD	CL
AD8037	1	2	7	10		3μ	9μ	−72	1500	±5.0		AD	CL

特性：CL：加箝位

(a)电气特性

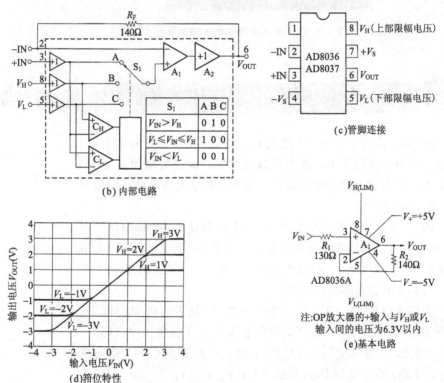

(b) 内部电路

(c)管脚连接

(d)箝位特性

注:OP放大器的+输入与V_H或V_L
输入间的电压为6.3V以内

(e)基本电路

图 10.6 带有箝位电路的 OP 放大器 AD8036/AD8037 的构成

作用，这个电路通常与增益为 −1 的放大器作用相同。

V_{IN} 为正时，箝位工作，开关 S 接通 V_L，其结果是 AD8036A 的内部放大器 A_1 输出为 V_L，即与 V_{IN} 连接，另一方面，由于 AD8036A 的反相输入端接入 V_{IN}，所以，电路的增益变为 −1+2 =1，具有缓冲效果。

所以，V_{IN} 为负时增益为 −1，V_{IN} 为正时增益为 1，从而构成绝对值放大器。

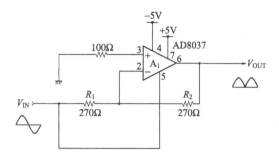

图 10.7 用 AD8036 设计的绝对值电路

照片 10.3 为输入频率 1MHz 的输入输出波形，非常漂亮。但是，当低压输入时，照片 10.3(c) 中约有 40mV 的纹波，故不能 0V 钳位，40mV 的范围内开始工作。这个纹波作为补偿电压而应在后面除去。

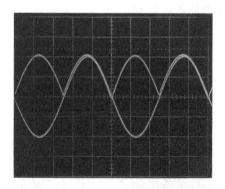

(a) $V_{\mathrm{IN}} = 4V_{\mathrm{P-P}} (1V/\mathrm{div})$

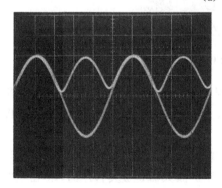

(b) $V_{\mathrm{IN}} = 0.4V_{\mathrm{P-P}} (0.1V/\mathrm{div})$

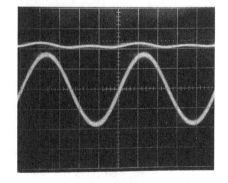

(c) $V_{\mathrm{IN}} = 0.04V_{\mathrm{P-P}} (上:0.04V/\mathrm{div}; 下\ 0.01V/\mathrm{div})$

照片 10.3 图 10.7 绝对值放大器的工作波形

这个电路作为通常的绝对值电路，直流精度不怎么样，但它的交流特性很好。

93 增大绝对值放大器的动态范围的方法

交流电压转换为直流电压时，使用绝对值电路，如图 10.8 所示。普通的整流电路使用的是二极管，二极管有正向压降（约 0.5V），所以，得不到高精度的绝对值电压。要想得到高精度的绝对值电压，经常是使用 OP 放大器的电路。

图 10.8 电路的动态范围取决于 OP 放大器 A_1 的补偿电压。以下简单说明其工作原理，OP 放大器 A_1 组成像图 10.9 那样的半波整流电路，另外，OP 放大器 A_2 仅仅构成了加法电路，输入电压 V_{IN} 与 1/2 的半波整流输出 A 相加，为了使两个整流波形变成直流而加入电容 C_1。

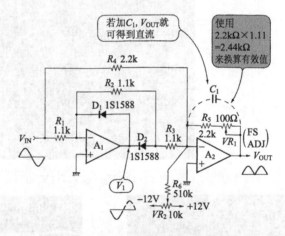

图 10.8 使用 OP 放大器的绝对值电路

电位器 VR_1 用于量程调整，$R_5 + VR_1$ 是为了使正弦波的平均值转换为有效值，所以，$R_4 = 2.2k\Omega$ 的 1.11 倍（定标系数），即为 $2.45k\Omega$。

另外，VR_2 用于零点调整，OP 放大器 A_1 和 A_2 的补偿电压在 VR_2 上合在一起。对于常用的放大器是极其自然的，但在绝对值电路里就有些差异了，图 10.10 给出经过实验得到的 A_1 的补偿电压对线性度的影响。

补偿电压为 0.5mV 时，达到 $V_{IN} = 1mV_{RMS}$ 可准确地测定（为

理想直线），补偿电压为 $10mV$ 时，$V_{IN} = 10mV_{RMS}$ 以下就不能测定，与理想直线有偏差。为什么会这样呢？

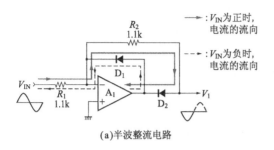

(a)半波整流电路

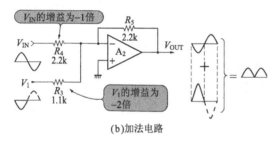

(b)加法电路

图 10.9 绝对值电路的工作原理

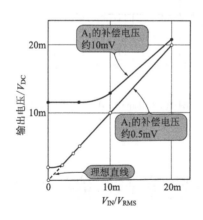

图 10.10 在绝对值放大器中，OP 放大器的补偿电压的影响

原因是 OP 放大器 A_1 半波整流为非线性工作。所以，通过 VR_2 可以调整 A_1 的补偿电压，相反，A_2 的补偿电压也是由 VR_2 调整。

总之，使用补偿电压小的 OP 放大器作 A_1 或加入 A_1 的调零，就可以扩大绝对值电路的动态范围。如果频率特性不是这样重要的话，可使用输入补偿电压小的高精度的 OP 放大器作为 A_1

的方法。

绝对值电路的调整：

① $V_{IN}=5V_{RMS}$时，通过 VR_1 调整，$V_{OUT}=5V_{DC}$；

② $V_{IN}=50mV_{RMS}$时，通过 VR_2 调整，$V_{OUT}=50mV_{DC}$；

③ 反复调整①和②。

通常的放大器第②步是在 $V_{IN}=0$ 时进行调整，而绝对值电路要先决定动态范围，然后在那一点进行调整，这也是因为绝对值电路是非线性放大器。

图 10.11 为图 10.8 电路的频率特性，由于二极管 D_1 和 D_2 的快速切换，绝对值电路的频率特性，OP 放大器的转换速率参数是非常重要的。这里使用 LM318，转换速率为 $50V/\mu s$，100kHz 时基本上都是平坦的，TL081 的转换速率为 $10V/\mu s$ 比较小，所以，100kHz 时下降 1% 左右。

另外，图 10.8 电路是为了避免寄生电容的影响，减小电阻值，所得到的实验结果。如果频率特性不重要的话，增大电阻值，还可以减小电路的电流。

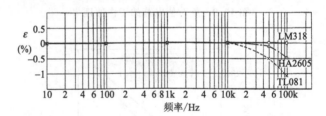

图 10.11 图 10.8 电路中 OP 放大器转换时的频率特性

94 有效地使用单电源 OP 放大器的绝对值放大器

绝对值放大器的基本电路如图 10.8 所示，前边也介绍了这种绝对值电路可以应用于很多非常好的电路中。仅此一点，可以说它是一种很令人感兴趣的电路。

有一种单电源 OP 放大器，如图 10.12 所示，是一种不使用二极管的绝对值放大电路。在这个电路里，由于单电源 OP 放大器 A_1 和 A_2 的电源为 +15V，所以，A_1 的输出电压不能低于 0V。当然，A_1 也可以输入负电压，但重要的是 A_1 代替二极管，形成

半波整流电路。这里使用 OP 放大器为 AD822A(不使用这种 OP
放大器,工作效果就不好)。

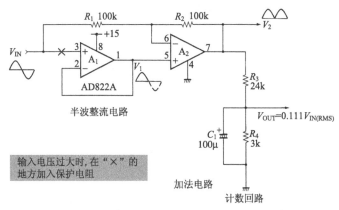

图 10.12 使用单电源 OP 放大器 AD822A 绝对值电路

表 10.1 列出 AD822A 性能参数。这个 OP 放大器的前段由
N 沟道 FET 构成,输入电压可达－20V 左右,是为数不多 OP 放
大器。R_1 和 R_2 选为 100kΩ,加法器 A_2 的增益为 A_1 输出 V_1 的 2
倍,与增益－1 倍的输入电压 V_{IN} 相加,其结果 A_2 的输出(V_2)得
到两个波的整流电路(工作原理与通常的绝对值电路相同)。

表 10.1　单电源 OP 放大器 AD822A 的性能参数

型　号	电路数	输入补偿电压 /mV		温漂 /(μV/℃)		输入偏置电流 /A		单位增益频率 /MHz	转换速率 /(V/μs)	工作电压 /V	工作电流 /mA	公司	输入噪声密度 /(nV/$\sqrt{Hz}$) @1kHz
		典型	最大	典型	最大	典型	最大	典型	典型				
AD822	1	0.4	2	2		2p	25p	1.9	3	+3－+36	1.4	AD	

表 10.2 给出 V_{IN} 与 V_2 的关系。V_2 的直流电压为 V_{IN} 的有效
值的 0.91 倍,这是平均值。V_2 可以按有效值的 1.11 倍进行设
定,这里 R_3 与 R_4 的分压比为 0.111 倍。

图 10.13 为表 10.2 的曲线图。引起输入电压小的误差是因
为有 OP 放大器的残留电压。A_1 的输出完全为零最好,但残留电
压是存在,尽管很少却使线性变差,它的误差为 0.1%(全量程
10V),但很有实用性。

便于参考图 10.14 给出图 10.12 电路的频率特性。10kHz 以
内是非常好的。频率特性不能扩大的原因是 R_1 和 R_2 大于等于
100kΩ 的原因。电阻低可以改善频率特性,但残留的电压变大,

线性度变差。

表 10.2 图 10.12 绝对值电路的输入输出特性

输入电压 V_{IN}/V_{RMS}	A_2 的输出 V_3/V
10	9.099
5	4.551
1	0.9132
0.1	0.095
0.01	0.0142
0	0.01

为了平均值,V_2 的 DC 值变小,对于有效值的变换必须进行标定(在 1.1 倍时)

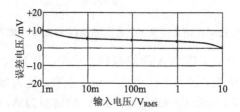

图 10.13 图 10.12 电路的输入输出特性

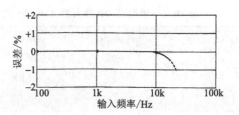

图 10.14 图 10.12 电路的频率特性

◆ **95** 乘法器 IC 构成低成本的 RMS-DC 变换电路

测定交流电压时,用平均值表示或者有效值表示都是重要的问题。如果用平均值表示的话,平均值 A_V 为:

$$A_V = \overline{V_{IN}} \tag{10.2}$$

即交流电压的半周期时间内的平均值(只要通过 RC 低通滤波器就行)。但有效值就是另外一回事了,有效值 RMS 为:

$$\mathrm{RMS}=\sqrt{V_{\mathrm{IN}}{}^{2}}\qquad\qquad(10.3)$$

因有 2 次方根，电路就变得比较复杂了．

　　由于有效值不受测定值的波形的影响，有可能进行高精度的测定。一方面，平均值会随波形的不同而有所不同，如果不按照图 10.15 进行标定工作的话是得不到正确数据的。

		有效值 /RMS	平均值 /AV	有效值 平均值 /定标系数	峰值系数 /(Vp/RMS)
正弦波		$V_{\mathrm{p}}/\sqrt{2}$ $=0.707V_{\mathrm{p}}$	$\dfrac{2}{\pi}V_{\mathrm{p}}$ $=0.637V_{\mathrm{p}}$	1.11	$\sqrt{2}$
方波 （或 DC）		V_{p}	V_{p}	1	1
三角波		$V_{\mathrm{p}}/\sqrt{3}$	V_{p}	1.155	$\sqrt{3}$
脉冲波	D：占空比	$V_{\mathrm{p}}/\sqrt{D}$	$V_{\mathrm{p}}D$	$1/\sqrt{D}$	$1/\sqrt{D}$

图 10.15　根据波形的不同有效值换算时的标定

　　由于市场贩卖的 RMS-DC 控制器 IC 价格很贵，低成本的制品又不能使用。这里介绍一种使用 RC4200 通用型乘法器 IC 制作低成本 RMS-DC 控制电路的方法。

　　图 10.16 给出乘法器 IC 的 RC4200 的内部电路图。从图可知，由于 RC4200 利用晶体管的正向电压 V_{BE} 的乘法器 IC，仅在第 1 象限内进行乘法运算。RMS-DC 控制电路的输入端增加了绝

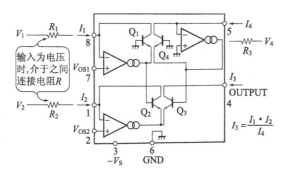

图 10.16　RC4200 乘法器 IC 的内部电路

对值放大器确保了在第 1 象限，便可以使用 RC4200 了。

RC4200 第二代产品 NJM4200，其参数性能如表 10.3 所示。设计虽陈旧一些，但作为乘法器 IC 的却有很好的特性。图 10.17 给出 NJM4200 的输入特性曲线，$1\sim1000\mu A$ 的电流范围内有良好的直线性。

表 10.3　乘法器 IC 的 NJM4200 的性能参数

输入电流(I_1，I_2，I_3)		$1\sim1000\mu A$
综合误差	无微调	3%(max)
	有微调	0.5%(max)
	温度系数	0.005%/℃
	PSRR($-9\sim-18V$)	0.1%/V
非线形误差($50\sim250\mu A$)		0.3%(max)
输入补偿电压($I_1+I_2+I_4=150\mu A$)		10mV(max)
输入电流($I_1+I_2+I_4=150\mu A$)		500nA(max)
输入补偿电压温漂($I_1+I_2+I_4=150\mu A$)		100μV/℃
输出电压(I_3)		$1\sim1000\mu A$
$-3dB$ 频率		4MHz
电源电压范围		$-9\sim-18V$
电路电流($I_1+I_2+I_4=150\mu A$)		4mA(max)

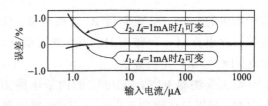

图 10.17　NJM4200 的输入输出特性

图 10.18 为实际的 RMS-DC 的控制电路。输入端使用绝对值放大器，为了节省对通用 OP 放大器的调零工作，选择低补偿电压的 OP 放大器。这里使用内含两个 IC 的 MC34082。由于 MC34082 的补偿电压小于 1(3max)mV，60dB 左右的动态范围很容易得到。

在输出 OP 放大器上连接 VR_1 和 VR_2，通过 VR_1 调整 NJM4200 的补偿电压，VR_2 调整时间间隔，以上措施是不可省的。

图 10.18 电路在频率 100kHz 以内均可使用。线性度为

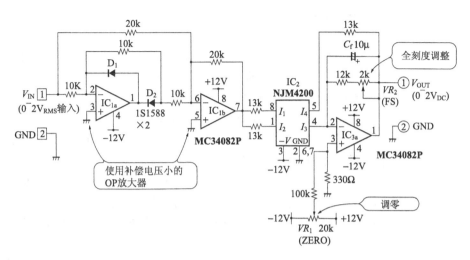

图 10.18 使用 NJM4200 组成 RMS-DC 控制电路

0.1% 左右。输出加电容 C_f，其大小对低频特性非常重要。图中 $10\mu F$ 是针对 $10 Hz$ 以下的频带。

96 峰值保持电路的必要小技巧

如图 10.19 所示，一定的时间(数秒～数十秒)内输入电压的最大值(峰值)，通过电容 C_H 的记忆，并且输出的电路峰值保持电路。捕捉变化的输入信号的峰值，利用记录仪器记录峰值时经

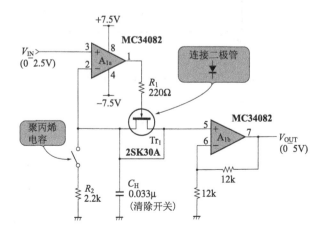

图 10.19 实用的峰值保持电路

常需要这种电路。

这个电路，为了保持 10kHz 以内的峰值信号，保持电容 C_H 使用 $0.033\mu F$ 的聚丙烯电容(或多酚脂电容)。普通的片电容聚酯电容(通常称聚酯树脂电容)的 $\tan\delta$(诱导吸收率)大，不能准确地保持峰值，这里不能使用.

OP 放大器使用 MC34082，或许用容性负载强的 $\mu PC812$ 或 LF356 会好些，但是，由于 $0.033\mu F$ 电容急速充电，必须尽可能使用输出电流大的 OP 放大器。

Tr_1 通常使用二极管。但是，这里由于保持时间长，一般在 FET 上连接二极管。通常的二极管的漏电流为 $nA\sim\mu A$，如果不是低漏电流的器件，就不能使用。二极管连接的 FET 的漏电流为 pA 级。

图 10.20 为 $2.82V_{0-P}$ 的正弦波的半波(仅正电压)输入的峰值保持特性曲线。由于是 OP 放大器 A_{1b} 的输出的 2 倍，能保持 5.64V 就可以了。这里保持 5.604V，是没问题的。

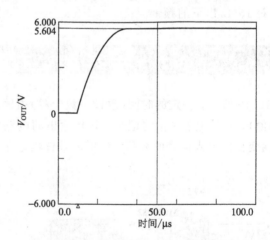

图 10.20 10kHz 输入时的峰值保持电路特性

第11章
实践应用技巧

97 ▸ 对于视频范围内采用视频专用放大器也是有效的

图像的视频信号使用的频带为 DC～10MHz。

寻找便宜的视频 IC，正好有 MC14576A(摩托罗拉公司)，便对其进行了实验。图 11.1 为 MC14576A 的结构图。最近的高速 OP 放大器的性能是完全没有问题的，但性能较好的 OP 放大器的价格高，而不能使用。

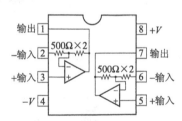

(a) 管脚连接图

型 号	电压增益/dB	频率特性/dB	DG/%	DP/°	交调失真/dB	输出噪声/(μV_{RMS})	电源电压/电流/(V/mA)
MC14576A	6±1	±3	3max	3max	50 40(min)	135 (250max)	5～12/25

(b) MC14576A 的性能参数

图 11.1 通用视频放大器 IC——MC14576A(摩托罗拉公司)的构成

LM318 是高速的 OP 放大器，价格便宜。但是，视频信号所独有的 DG(微分增益)和 DP(微分相移)特性都很差，不能使用。

MC14576A 的 DG/DP 的特性，最大为 3%/3°，在那些不注重性能的应用中是绝对可以使用的。

图 11.2 为 MC14576A 的实验电路(负载 150Ω)。由于 MC14576A 中内藏有设定增益的电阻 500Ω，输入负极接地。图

11.3 为±5V 时频率特性,10MHz 时有 1dB 的弱峰值,图 11.4
为电源电压±2.5V 时测出的内部 OP 放大器的特性曲线。

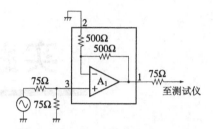

图 11.2 MC14576A 的实验电路

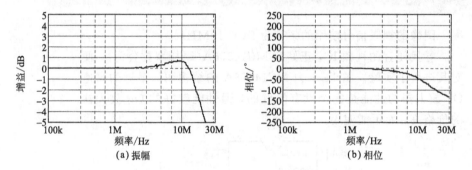

图 11.3 MC14576A 的工作特性(工作电压±5V, $V_{IN} = 2V_{P-P}$)

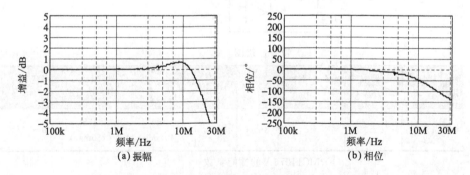

图 11.4 MC14576A 的工作特性(工作电压±2.5V, $V_{IN} = 1V_{P-P}$)

DG/DP 的特性特别地好,为 3％/3°。只抽样两个,虽然数量
较少,但还是可以断定它是一个好 IC。另外,对应于
MC14576A,没有内藏电阻的型号有 MC14577A。

民用的视频 IC 便宜,使用交流接续的地方也多,当然去耦用
的电解电容是必须的。由于直接连接直流 OP 放大器,所以,可

以提高可靠度。

98 ▶ 即使切换视频信号也可用通用的模拟开关

多路通道的视频信号切换时,可使用普通的专用的视频(模拟)开关。但是,价格很高。通道数多为 4 或 8 通道。仅使用 5 通道或 6 通道时将有剩余,总有浪费的感觉。

但是,通用 COMS 的 4000 系列也有价格便宜的模拟开关(或多路转换器 IC),5MHz 左右在电路上想些办法是完全可以使用的。

图 11.5 给出了视频信号切换的基本电路。乍一看好像很实用,但我们要处理的是高频视频带,就不是那么乐观了。高频信号切换时,开关的绝缘特性是非常重要的。

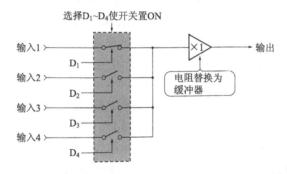

图 11.5 信号切换的基本电路

所谓开关的绝缘特性是:用当关断输入通道的信号时,输出端的漏过量的多少来表示的。理想的状态下,关断输入通道,输出信号不会泄漏,但是如图 11.6 所示,模拟开关内部存在寄生电

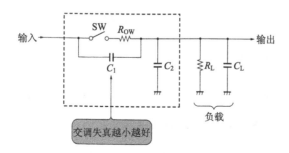

图 11.6 模拟开关的等价电路

容 C_1，频率越高泄漏越大。还有，一般输入点增多，开关通道数也增多，开关的绝缘特性就会变差。

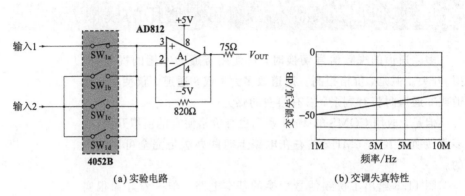

(a) 实验电路   (b) 交调失真特性

图 11.7 通用 COMS 的 IC，4052B 的交调失真特性的测定

图 11.7 是通用多路转换器 IC 的 4052B 的开关的绝缘特性（交调失真特性）的测定结果。输入数为 4 通道，其中 1 个开通，剩下的通道关闭。这时从关闭的通道泄漏如图 11.7(b) 所示，约 $-38\text{dB}(5\text{MHz})$。这个值在很多应用中是可以满足要求的，也可以加一些技巧。

图 11.8 为改善开关绝缘特性的电路（输入通道增至 5 个）。开关数增大 3 倍，性能也将大大地改善。开关 SW_a 与图 11.7 相同，增加了 SW_b 和 SW_c。SW_b 的动作与 SW_a 相同，SW_c 打开，只有当通道闭合时，SW_c 打开（相反，通道断开，其闭合）。

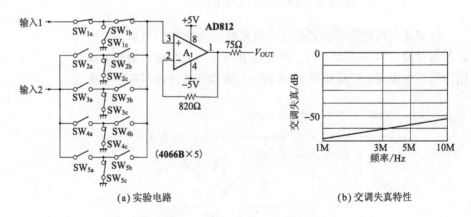

(a) 实验电路   (b) 交调失真特性

图 11.8 4066B 构成的视频开关

图 11.8(a) 为选择输入 1 时的状态。由 SW_a 断开不用的信号

通道，并由 SW。接地。图 11.8(b)为该电路的交调失真特性，结果是大约－58dB(5MHz)被改善了 20dB。

如此，通用逻辑 IC 在电路上加一些技巧，便可切换视频信号。另外，在实验中，使用 DIP 封装的 IC，如果用 SO 插口的 IC 制作在基板上，则性能会更加好。DIP 的管脚比较粗，管脚之间的寄生电容大。

通用的逻辑 IC 的电源电压低，通常为±5V。实验时可用高频 OP 放大器 AD812(±15V 驱动可)，±5V 工作的有 AD8056，AD8072，AD8052(都是两个电路单元封装)，价格便宜。

99　对于 10MHz 以上的模拟开关用 PIN 二极管是有效的

视频以内的开关，只要加一些技巧是可以使用模拟开关的。但是，频率在 10MHz 以上就很困难了。市场卖的高频专用的模拟开关或高频中断器，价格很高。还有，高频中断器(同轴中断器等)有一个缺点，就是体积大。

此时，劝您使用 PIN 二极管电路。

图 11.9 为用于 10MHz 的信号的可编程增益放大器。还有，图 11.10 为 PIN 二极管 1SV99(东芝)的特性曲线。1SV99 体积小(TO92 封装)也便宜(数十日圆)。电视机的天线转换多使用它。

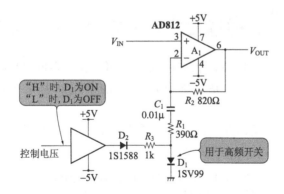

图 11.9　10MHz 信号用的增益切换电路

PIN 二极管的特性，串联电阻 r_s 随正向电流 I_F 的大小变化很大。从图 11.10 可看出，I_F 为 0，r_s 为 6kΩ，$I_F=10$mA，r_s 小于 10Ω。

请再看一下图 11.9，控制电压为"L"时，由于二极管 D_2 截止，r_s 变大，1SV99 没有电流，OP 放大器的增益约为 1 倍。控制电压为"H"时，1SV99 流过的电流为（＋5V－0.7V－0.7V）/1kΩ ＝3.6mA。与图 11.10 相比，3.6mA 的 r_s 约为 20Ω，A_1 的增益约为 3 倍。

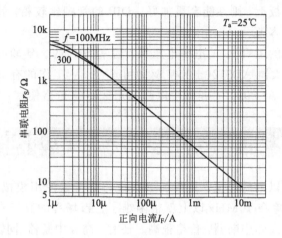

图 11.10 PIN 二极管 1SV99 的特性曲线

使用 PIN 二极管的开关虽精度不太好，但其体积较小、价格便宜，使用方便。最近，贴片型器件逐渐代替了分立型。贴片型器件用于高频时，r_s 很小，应用于 10MHz 左右时，稍微有点不合适了。

100 制作基准电压时要注意的事项——TL431 的自激振荡

OP 放大器电路，特别计量测试电路，在很多地方都需要基准电压。这时使用的是基准电压 IC，最常用的基准电压 IC 是 TL431。

表 11.1 给出 TL431 的工作参数。作为基准电压，其特性还不错，又便宜，很有利用价值。

表 11.1 通用 IC 基准电压 TL431 的特性

基准电压	2.495V±55mV
温度系数	50ppm/℃
输出电压	2.5～36V
最小阴极电压	0.4(1max)mA
基准电压端子的输入电流	2μA

IC 的容性负载弱，如图 11.11 所示，电容 $C_L = 0.01 \sim$ 数 μF 时就会发生振荡。由于容性负载而振荡，对于 OP 放大器也是常事，这种现象可能发生于所有模拟 IC。

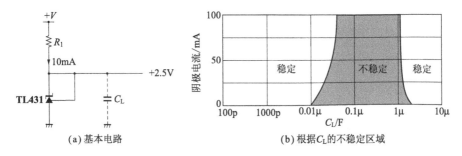

(a) 基本电路   (b) 根据 C_L 的不稳定区域

图 11.11 TL431 的使用方法

"负载不加 C_L 是否可以呢?"或许会有这样考虑，但基准电压 IC 大多噪声很大是事实。

TL431 为例，噪声抑制比为 $40 nV/\sqrt{Hz} @ 10mV$。所以，使用 TL431 时，为了除去噪声加 C_L······。

通常使用 TL431 如图 11.12 所示。图 11.12(a) 为 C_L 值大的电路。与图 11.12(b) 相比，C_L 为数 μF 以上，便进入稳定区域，$C_L = 10 \mu F$，或以上是没有问题的。

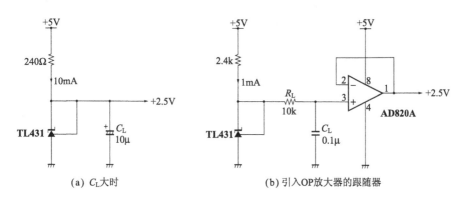

(a) C_L 大时   (b) 引入 OP 放大器的跟随器

图 11.12 TL431 应用实例

图 11.12(b) 增加一个电阻 $R_L = 10k\Omega$，与 C_L 组成低通滤波器。R_L 的目的是防止振荡，因此 TL431 不能提供大电流了。所以，加入 OP 放大器的跟随器。虽然增加 OP 放大器有些浪费，却容易得到各种电压，使设计变得简单。制作任何基准电压时，均是很方便的方法。

本书引用的 OP 放大器的引脚排列图

型号	个数	特性	引脚排列	型号	个数	特性	引脚排列
AD548	1	通用，FET	②	AD8056	2		⑫
AD549	1	FET	③	AD8072	2		⑫
AD705	1		②	AD812	2		⑫
AD707	1		②	AD820A	1	单电源	②
AD711	1	通用，FET	②	AD822	2	单电源	⑫
AD712	2	通用，FET	⑫	AD829	1		③
AD745	1	FET	②	AD847	1		⑨
AD795	1	FET	②	AD8532	2	COMS	⑫
AD797A	1		⑤	AD9631	1		①
AD8001	1		①	CA3160	1	COMS	④
AD8036	1		⑦	HA2540	1		⑬
AD8041	1		④	HA2605	1		⑤
AD8052	2		⑫				

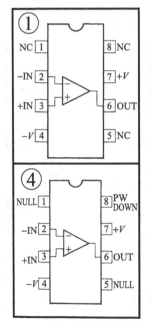
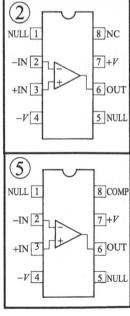
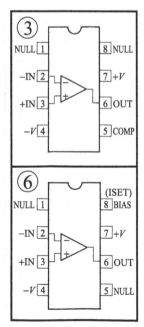

型号	个数	特性	引脚排列	型号	个数	特性	引脚排列
ICH8500A	1		⑪	LT1012	1		③
ICL7612	1	COMS	⑥	LT1028	1		③
LF356	1	FET	②	LT1077	1	LP	⑨
LM11	1		③	LT1360	1		⑨
LM308	1		⑧	LTC1152	1	COMS	⑮
LM318	1		⑤	MAX402	1	LP, HS	②
LM324	4	单电源	⑭	MAX403	1	LP, HS	②
LM358	2	单电源	⑫	MAX438	1	LP, HS	②
LM4250	1	LP	⑤	MAX439	1	LP, HS	②
LM6361	1		⑨	MAX478	2	LP	⑫
LM833	2	通用	⑫	MAX480	1	LP	②
LMC6001	1	COMS	①	MC33077	2	通用	⑫
LMC662	2	COMS	⑫	MC34071	1	通用	②
LP324	4	LP	⑭	MC34072	2	通用	⑫
LPC661	1	COMS	①	MC34074	4	通用	⑭
LPC662	2	COMS	⑫	MC34082	2		⑫

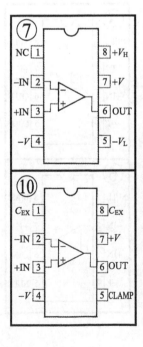

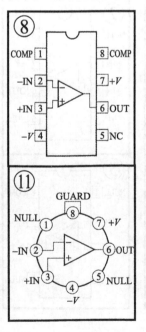

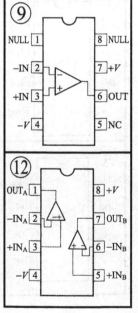

型号	个数	特性	引脚排列	型号	个数	特性	引脚排列
NE5532	2	通用	⑫	OPA627	1		②
NJM4580	2	通用	⑫	OPA637	1		②
OP07	1		⑨	RC4558	2	通用	⑫
OP177	1		⑨	LT061	1	通用，FET	②
OP213	2		⑫	LT071	1	通用，FET	②
OP22	1	LP	⑥	LT081	1	通用，FET	②
OP27	1		⑨	TLC2654	1	COMS	⑩
OP275	2	通用	⑫	TLC271	1	COMS	⑥
OP279	2	RTR	⑫	TLC274	4	COMS	⑭
OP285	2	RTR	⑫	TLC27M2	2	COMS	⑫
OP295	2		⑫	μA741	1	通用	②
OP37	1		⑨	μPC252A	1		⑯
OP90	1		②	μPC253	1	LP	⑰
OP97	1		③	μPC811	1	通用，FET	②
OPA128	1		⑪	μPC812	2	通用，FET	⑫
OPA604	1	FET	②	μPC844	4	通用	⑭

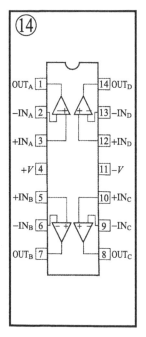

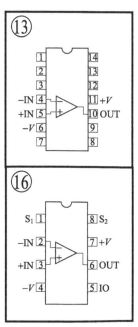

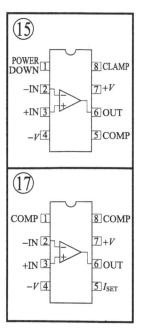

参考文献

[1] リニア・データブック 1994/95，アナログ・デバイセズ㈱

[2] プロダクト・データブック 1998/99，日本バー・ブラウン㈱

[3] 1997 データブック，エランテック社

[4] データブック 1993 年，ハリス㈱

[5] リニア・データブック 1990 年，リニアテクノロジー㈱

[6] OP アンプデータ・シート，マキシム・ジャパン㈱

[7] リニア&インターフェース IC データブック 1988 年，モトローラ社

[8] リニア IC データシート，フィリップス・セミコンダクター社

[9] リニア IC データシート，ナショナル・セミコンダクター・ジャパン㈱（コムリニア製品）

[10] リニア・データブック 1980 年，レイセオン社

[11] リニア・サーキット・データブック 1989 年，日本テキサスインスツルメンツ社

[12] リニア IC データシート，新日本無線㈱

[13] 汎用リニア IC1994/95，NEC ㈱

[14] リニア IC データシート，松下電子工業㈱

[15] リニア IC データシート，三菱電機㈱

[16] AD9057 エバリューション・ボード資料，アナログ・デバイセズ㈱

[17] アンプ・ゼネラル・カタログ 1984 年，日本エー・エム・ピー㈱

[18] チップ・コンデンサ・カタログ 1995 年，日本ヴィトラモン㈱

[19] OS-CON TECHNICAL BOOK 1996 年，三洋電子部品㈱

[20] 定電流ダイオード・カタログ 1988 年，石塚電子㈱

[21] 半導体データブック小信号トランジスタ編，1988 年，㈱東芝

[22] 同軸ケーブル・カタログ 1990 年，潤工社㈱

[23] 高リニアリティ・アナログ・フォトカプラ CNR200/201 データ・シート 1994 年，日本ヒューレット・パッカード㈱

[24] スイッチ・セレクション・ガイド' 97，㈱フジソク

[25] フォト・カプラ・データシート，㈱モリリカ

[26] 『ANALOG JOURNAL』，1989 年 No.1 ～ 1996 年 No.3 まで，アナログ・デバイセズ㈱

[27] 『ADM SELECTION』，1998 年 No.2 ～ No.5 まで，エー・ディ・エム㈱

[28] 松井邦彦；「アナログ・フロントエンド設計技術徹底マスタ」，『トランジスタ技術』，1992 年 10 月号，pp.270-281

[29] 松井邦彦；「OP アンプのトレンドと賢い選択技術」，『トランジスタ技術』，1994 年 12 月号，pp.206-227

[30] 松井邦彦；「容量負荷に強い OP アンプの周波数特性を調べる」，『トランジスタ技術』，1994 年 5 月号，pp.394-395

[31] 松井邦彦；「確実に動作するアナログ回路の実装技術」，『トランジスタ技術』，1998 年 3 月号，pp.243-261

[32] 松井邦彦；「OP アンプのユニークな使い方」，『トランジスタ技術』，1995 年 10 月号，pp.339-346

[33] 松井邦彦；「バンドパス・フィルタの設計ノウハウ」，『トランジスタ技術』，1995 年 8 月号，pp.345-353

[34] 今田，深谷；『実用アナログ・フィルタ設計法』，1989 年，CQ 出版㈱

[35] M.E.VAN VALKENBURG 著，柳沢，金井 訳；『アナログフィルタの設計』，1985 年，秋葉出版㈱

[36] A.B.ウィリアムズ著，加藤康雄 監訳；『電子フィルタ回路設計ハンドブック』，1985 年，マグロウヒルブック㈱

[37] 松井邦彦；「絶対値アンプ回路の設計ノウハウ」，『トランジスタ技術』，1996 年 2 月号，pp.343-350

[38] プロダクト・セレクション・ガイド'93/94，TDK ㈱

[39] コイル・フィルタ・データブック，東光㈱

[40] EMI 対策用部品，富士電気化学㈱

[41] コンデンサ・データブック，日本ケミコン㈱

[42] コンデンサ・データブック，ニチコン㈱

[43] FET データブック，㈱日立製作所

[44] JFET セレクション・ガイド，Inter FET 社(コーンズ扱い)

[45] フォト・ダイオード・データシート，シャープ㈱